760分钟教学视频，在线观看。

U0160251

Photoshop + Illustrator + After Effects UI动效设计 3合1

孙丽娜　编著

人民邮电出版社

北　京

图书在版编目（CIP）数据

Photoshop+Illustrator+After Effects UI动效设计
3合1 / 孙丽娜编著. -- 北京 ：人民邮电出版社，
2021.5（2023.7重印）
ISBN 978-7-115-55773-5

Ⅰ．①P… Ⅱ．①孙… Ⅲ.①图像处理软件—教材
Ⅳ．①TP391.413

中国版本图书馆CIP数据核字(2021)第004728号

内 容 提 要

本书是一本运用 Photoshop、Illustrator 和 After Effects 进行 UI 动效制作的教程。全书共 8 章，分为基础部分和案例部分。基础部分讲解了 UI 动效设计的常用工具、色彩知识及常见组件，Photoshop 的功能、基本操作及利用该软件制作 UI 界面和元素的方法，Illustrator 的功能、基本操作及利用该软件绘制矢量图标的方法，After Effects 的功能、基本操作及利用该软件将静态的 UI 界面制作为动态效果的方法，网页界面、手机界面和智能手表界面的 UI 设计规范；案例部分以网页端、手机端及智能手表 UI 为例，介绍了网页界面 UI 动效、手机界面 UI 动效及智能手表界面 UI 动效的设计与制作流程。

本书提供配套资源文件，包含本书实战、练习和习题的素材文件、效果文件和操作演示视频，供读者在学习的过程中随时调用。同时提供教师专享资源，包含配套 PPT 教学课件及教学大纲，供教师使用。

本书适合想要从事和已经从事 UI 设计行业相关工作的读者阅读，也适合 UI 设计、动效设计初学者学习，同时也适合 UI 培训机构、相关专业学生使用。

◆ 编　著　孙丽娜
责任编辑　张丹阳
责任印制　马振武

◆ 人民邮电出版社出版发行　北京市丰台区成寿寺路 11 号
邮编　100164　电子邮件　315@ptpress.com.cn
网址　https://www.ptpress.com.cn
固安县铭成印刷有限公司印刷

◆ 开本：800×1000　1/16
印张：14　　　　　　　　　2021 年 5 月第 1 版
字数：393 千字　　　　　　2023 年 7 月河北第 4 次印刷

定价：89.90 元

读者服务热线：(010)81055410　印装质量热线：(010)81055316
反盗版热线：(010)81055315
广告经营许可证：京东市监广登字 20170147 号

UI为用户界面（User Interface）的简称，UI设计属于工业产品设计的一个特殊形式，其具体的设计主要针对软件，通过对软件涉及的人机交互、操作逻辑等多方面的内容加以分析，实现软件的应用价值。随着智能化电子产品的普及，越来越多的UI设计需要加入动效。像其他元素一样，动效对用户使用体验起到支撑的作用，优秀的动效能让用户更快乐地使用智能产品。

本书所使用的Photoshop、Illustrator、After Effects软件均为2020版本，为了有更好的操作体验，建议大家使用对应版本的软件进行学习。

内容框架

全书共8章，主要从不同类型的设计软件出发，介绍从静态UI到动态UI的制作，具体内容如下。

第1章：介绍什么是UI动效设计，简单介绍UI制作的常用软件，并介绍UI色彩设计和常见组件。

第2章：介绍Photoshop的功能和基本操作，讲解如何通过Photoshop制作UI和元素。

第3章：介绍Illustrator的功能和基本操作，讲解如何通过Illustrator绘制矢量图标。

第4章：介绍After Effects的功能和基本操作，利用该软件将静态UI制作成动态UI。

第5章：介绍UI的设计规范，包括网页界面、手机界面和智能手表界面的设计标准。

第6章：以网页端UI为例，介绍网页界面的UI动效设计与制作流程。

第7章：以手机端UI为例，介绍手机界面的UI动效设计与制作流程。

第8章：以智能手表UI为例，介绍智能手表界面的UI动效设计与制作流程。

本书内容

本书主要基于"怎么学"和"学了有什么用"这两个问题展开讲解，帮助读者精通UI动效的设计与制作。为方便读者学习，笔者对本书的学习思路进行了梳理，详见下图。

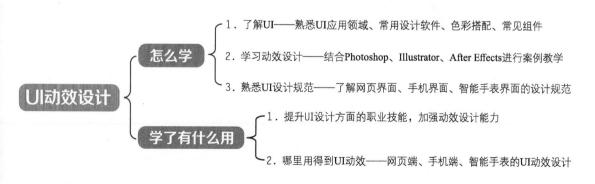

本书特色

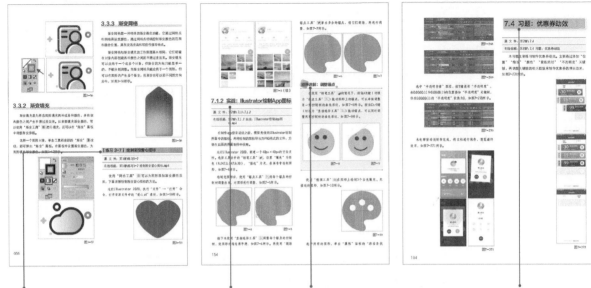

练习： 通过实际操作学习软件功能和基本的制作方法，快速掌握软件使用方法。

实战： 所有案例均来自实际工作且配有高清教学视频，读者可以结合视频学习。

延伸讲解： 包含知识拓展内容，对知识点进行延伸讲解，让读者能够学以致用。

习题： 每章学习后安排习题，帮助读者巩固所学重点知识。

致谢

　　本书主要由北京邮电大学世纪学院孙丽娜老师编写，其他参与编写的人员还有北京印刷学院的王斐、姜雪羽、褚亚静几位老师。在创作的过程中，由于水平有限，疏漏在所难免，希望广大读者批评指正。感谢您选择本书，同时也希望您能够把对本书的意见和建议告诉我们。

编者

2020年10月

本书由"数艺设"出品，"数艺设"社区平台（www.shuyishe.com）为您提供后续服务。

配套资源

资源文件：所有案例的素材文件和效果文件，读者在学习的同时可以随时进行操作练习，提高学习效率。

操作演示视频：所有案例都提供了操作演示视频，读者可以扫描二维码到"数艺设"平台在线观看。

教师专享资源：所有章节的PPT课件及教学大纲，供教师使用。

资源获取请扫码

"数艺设"社区平台，为艺术设计从业者提供专业的教育产品。

与我们联系

我们的联系邮箱是 szys@ptpress.com.cn。如果您对本书有任何疑问或建议，请您发邮件给我们，并请在邮件标题中注明本书书名及ISBN，以便我们更高效地做出反馈。

如果您有兴趣出版图书、录制教学课程，或者参与技术审校等工作，可以发邮件给我们；有意出版图书的作者也可以到"数艺设"社区平台在线投稿（直接访问 www.shuyishe.com 即可）。如果学校、培训机构或企业想批量购买本书或"数艺设"出版的其他图书，也可以发邮件联系我们。

如果您在网上发现针对"数艺设"出品图书的各种形式的盗版行为，包括对图书全部或部分内容的非授权传播，请您将怀疑有侵权行为的链接通过邮件发给我们。您的这一举动是对作者权益的保护，也是我们持续为您提供有价值的内容的动力之源。

关于"数艺设"

人民邮电出版社有限公司旗下品牌"数艺设"，专注于专业艺术设计类图书出版，为艺术设计从业者提供专业的图书、U书、课程等教育产品。出版领域涉及平面、三维、影视、摄影与后期等数字艺术门类，字体设计、品牌设计、色彩设计等设计理论与应用门类，UI设计、电商设计、新媒体设计、游戏设计、交互设计、原型设计等互联网设计门类，环艺设计手绘、插画设计手绘、工业设计手绘等设计手绘门类。更多服务请访问"数艺设"社区平台www.shuyishe.com。我们将提供及时、准确、专业的学习服务。

目 录

第1章　初识UI动效设计

第2章　UI入门之Photoshop

第3章 UI入门之Illustrator

第4章 UI动效之After Effects

目 录

第7章 手机端的UI动效设计

第8章 智能手表的UI动效设计

第1章

初识UI动效设计

　　静态的UI设计会让人们感到无趣和乏味，而动态的UI设计不仅让界面变得更美观，还可以增加产品的亲和力。在UI设计中适当添加动效，可以提升界面的表达效果，给用户带来良好的视觉体验和交互体验。在深入学习UI动效设计之前，要先初步了解关于UI动效设计的基本知识。

1.1 什么是UI动效设计

当互联网时代发展到移动互联网时代时，不仅有网页UI，还有手机和穿戴设备的UI，都为动效设计的发展提供了更多的可能性。在学习UI动效设计之前，先认识一下什么是UI。

1.1.1 先说UI

UI是英文User Interface的缩写，本意是用户界面，从字面上看由用户和界面两个部分组成，但实际上还包括用户与界面之间的交互关系。以手机为例，手机上的界面都属于UI。UI设计是指软件的人机交互、操作逻辑和界面美观的整体设计。

UI设计具体包括界面设计、按钮设计、导航设计、图标设计等，如图1-1所示。

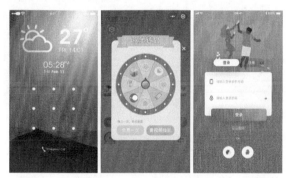

图1-1

1.1.2 再说"动效"

UI动效是指在人机交互过程中，基于一定的硬件性能，增强人机互动体验的效果。动效的主要作用是呈现UI中不同元素之间的关系，为用户在界面和界面之间导航。动效还可以运用到图标和按钮上，来赋予UI独特的个性，但是UI本身的可用性一定要高于视觉和动效的表达。设计一款既符合软件特色，又不失创意和趣味的UI动效，并非易事。下面列举一些优秀的UI动效给大家欣赏。

1.加载动效

动效发挥着十分重要的作用，不仅能够帮助用户打发

枯燥无味的等待时间，还可以分散用户注意力。图1-2所示为一款趣味加载进度条，该设计将加载进度条与卡通小动画巧妙结合，采用了富有现代感的机器人作为主体部分，轻松赋予网页现代气息。随着加载进度的加快，机器人的动作会相应加快，表情也会随之变化，给予用户实时反馈的同时，也极具趣味性。

图1-2

2.页面切换动效

此款植物类App页面切换动效，选用了左右滑动的切换动画，简洁易用，方便用户随时切换卡片，并选择需要的植物。切换卡片时，顶部起引导作用的小熊动画十分生动可爱，如图1-3所示。

图1-3

3.导航动效

一款优秀的导航动效不仅能成功引导用户，还能有效提升对应软件的专业度和可用性。相比常见的横排或竖排导航，环形导航更加有设计感，在移动端设计中也日益流行。图1-4所示为一款弹出式环形导航，该导航简洁实用，具有多变性，视觉冲击效果也十分强烈。

图1-4

4.按钮动效

优秀的按钮动效可以增加用户点击量，也可以提高网站或应用软件的商业价值。图1-5所示为一款动态按钮，此款按钮将夜间和白天进行切换，十分有创意。未单击按钮时，按钮状态为白天；单击按钮后，按钮状态切换为夜间。夜间和白天的切换不仅可以用于按钮设计，也可以运用到整个网页或App设计中。

图1-5

1.1.3　UI动效的应用领域

作为用户体验领域不可或缺的一部分，UI动效已经随处可见。下面对UI动效的应用领域进行简单介绍。

1.网页端

从起初的纯文本网页到图文结合的网页，再到如今多样化的动态网页，网页设计得到了长足发展。网页UI动效

具有独立性和创意性，不仅方便用户检索信息，还能提升用户的操作体验。图1-6所示为一款网页UI动效。

图1-6

2.手机端

随着智能手机的普及，信息浏览设备已逐渐向移动设备发展，人们的生活进入了移动互联网时代。手机UI动效的主要要求就是人性化，不仅要便于用户操作，还要美观大方，如图1-7所示。

图1-7

3.智能穿戴设备端

智能穿戴设备包括智能手表、智能手环等，而智能手表是炙手可热的数码产品，它不仅能记录生活数据，还可以同步手机中的信息。图1-8所示为一款智能手表的UI动效。

图1-8

1.1.4　UI动效喜迎5G时代

随着科技的不断发展，5G时代即将来临。交互动效设计将成为5G时代的潮流，不管是网页端还是手机端都可以应用5G技术，用户与产品的交互过程也会更加顺畅。5G时代不仅会给人工智能（Artificial Intelligence，AI）技术带来质的飞跃，还会推动虚拟现实（Virtual Reality，VR）技术的发展，这些技术与UI动效相结合将会带来一个全新的世界，如图1-9所示。

图1-9

1.2　UI设计师常用的软件

从UI图标、界面设计到UI动效制作，需要用到多个设计软件，常用的设计软件有Photoshop、Illustrator和After Effects等。接下来对这几种软件进行简单介绍。

1.2.1　Photoshop

Photoshop是Adobe公司旗下集图像扫描、编辑修改、图像制作、广告创意及图像输入与输出于一体的图像处理软件，如图1-10所示。它的功能十分强大，深受广大平面设计师的喜爱。

图1-10

Photoshop优秀的性能可以为UI动效设计起到推进的作用。可以使用Photoshop制作UI，然后在After Effects中设计动效。Photoshop的操作界面主要由5个部分组成，包括菜单栏、工具箱、工具选项栏、面板和文档窗口，如图1-11所示。

图1-11

1.2.2　Illustrator

Illustrator是Adobe公司推出的应用于出版、多媒体和在线图像的工业标准专业矢量绘图工具，如图1-12所示。Illustrator是一款非常好用的矢量图形处理软件，可以用来绘制UI图标或按钮。

图1-12

Illustrator的操作界面由4个部分组成，包括菜单栏、工具箱、面板和画布，如图1-13所示。

图1-13

图1-15

1.2.3 After Effects

After Effects是一款影视编辑软件,是目前较为流行的影视后期合成软件,如图1-14所示。After Effects拥有先进的设计理念,可以与Adobe公司的其他产品如Photoshop和Illustrator等协同使用。

图1-14

作为后期合成软件中的"佼佼者",After Effects在制作UI动效中的作用及地位不容小觑。After Effects可以导入Photoshop和Illustrator的文件,对多层的合成图像进行控制,将静态图像制作成动态图像。关键帧、路径的引入,使得高级二维动画的制作变得更加灵活。

After Effects的操作界面主要由6个部分组成,包括菜单栏、工具栏、"项目"面板、"时间轴"面板、其他面板、"合成"窗口,如图1-15所示。

1.2.4 其他

除了使用Photoshop、Illustrator、After Effects制作UI动效之外,还可以使用Sketch、3ds Max等软件进行制作。

Sketch是一款几乎适合所有设计师的矢量绘图软件,比较适合用于UI设计。除了矢量编辑功能之外,还有一些基本的位图处理功能,如模糊和色彩校正。图1-16所示为Sketch的操作界面。

图1-16

提示

目前Sketch只推出了macOs系统的版本,Windows系统暂时不能安装和使用该软件。

3ds Max是Autodesk公司开发的三维动画渲染和制作软件,图1-17所示为该软件的操作界面。3ds Max可以制作立体的图标,如图1-18所示。

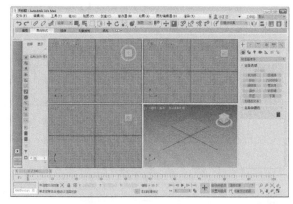

图1-17

图1-18

1.3 UI色彩设计

UI是由各种各样的颜色搭配而成的，下面介绍色彩基本知识，以及配色方式。

1.3.1 认识色彩

色彩在UI设计中占很大的比例，UI设计的成功与否在一定程度上取决于设计者对色彩的运用。

1.主色

主色是决定画面风格趋向的颜色，主色可能是多种颜色。主色一般在应用软件的图标和视觉面积较大的导航栏上使用。主色的选择过程称为定色调，它的成败不仅影响到视觉传达的效果，也会影响到应用软件使用者的情绪。因此确定主色是色彩设计非常关键的一步。

2.辅助色

辅助色的主要作用是辅助主色，使画面更丰富。辅助色一般在应用软件的各种按钮和插图上使用。

3.点睛色

点睛色是指在色彩组合中占据面积较小、视觉效果比较醒目的颜色。点睛色主要在一些提示性的小图标，或者需要突出显示的图形上使用。

1.3.2 色彩基本知识

色彩的种类非常多，所以色彩学家将色彩的名称用它的不同属性来表示，以区别不同的色彩。

1.色彩的三属性

色彩的属性是由色相、饱和度和明度来描述的，肉眼看到的色彩都是这3个属性的综合效果。

◆ 色相

色相指色彩的"相貌"，用来区分不同的颜色，如大家常说的紫色，指的就是色相。色相一般按照环形光谱排列，也就是色相环。根据颜色系统的不同，色相环也分很多种，一般色相环有十二色相环、二十四色相环、四十八色相环和九十六色相环等，如图1-19所示。

十二色相环　二十四色相环　四十八色相环　九十六色相环

图1-19

◆ 饱和度

饱和度指色彩的鲜艳程度，也称色彩的纯度，表示色彩中所含色彩成分的比例。所含色彩成分的比例越大，色彩的饱和度越高；所含色彩成分的比例越小，则色彩的饱和度越低。图1-20所示为饱和度变化示意，色彩的饱和度从上至下逐渐降低。

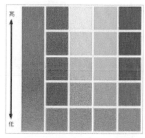

图1-20

从科学角度看，色彩的饱和度取决于色相发射光的单一程度。不同的色相不仅明度不同，饱和度也不同。

◆ **明度**

明度指色彩的明暗程度，即深浅程度。色彩越接近黑色，明度越低；色彩越接近白色，明度越高。图1-21所示为色彩的明度变化，越往上的色彩明度越高，越往下的色彩明度越低。

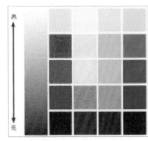

图1-21

2.色彩的分类

色彩可分为有彩色和无彩色两大类，以便于表现和应用。

◆ **有彩色**

有彩色指带有标准色倾向的颜色，具有色相、饱和度、明度3个属性。光谱中的所有颜色都属于有彩色。基本色之间不同量的混合，以及基本色与黑、白、灰（无彩色）之间不同量的混合，会产生成千上万种有彩色。其中，红、橙、黄、绿、青、蓝、紫为基本色。图1-22所示为使用有彩色呈现的界面效果。

图1-22

◆ **无彩色**

无彩色指除了有彩色以外的其他颜色，常见的有黑、

白、灰，由于这3种颜色不包含在可见光谱中，因此被称为无彩色。图1-23所示为使用无彩色呈现的界面效果。

图1-23

1.3.3 配色方式

色彩和其他事物一样，需要使用得恰到好处。如果在配色方案中使用3种基本色，将获得更好的效果。将颜色应用于设计项目中，要保持色彩平衡，使用的颜色越多，越难保持平衡。配色方式有以下几种。

1.色相差配色

色相差配色是由一种色相构成的统一性配色，即由某一种色相支配、统一画面的配色。除同一种色相外，色相环上相邻的类似色也可以形成相近的配色效果。图1-24所示为同色系主导的配色界面，主色和辅助色都在统一的色相上，这种配色方式的页面往往会给人一致化的感受。

图1-24

2.色调调和配色

色调调和配色是由同一色调构成的统一性配色。深色调和暗色调等类似色调搭配也可以形成同样的配色效果。即使出现多种色相，只要保持色调一致，画面也能呈现整体统一性。图1-25所示为色调调和配色页面，统一的色调使页面非常和谐，即使是不同色相的配色也能让页面保持协调。蓝色令页面显得安静冰冷，茶色让人们想起大地泥土的厚实，给页面增加了稳定踏实的感觉，同时中和蓝色的冰冷。

图1-25

3.对比配色

对比配色是由对比色相互对比构成的配色，可以分为互补色或相反色搭配构成的色相对比配色，由白色、黑色等明度差异构成的明度对比配色，以及由饱和度差异构成的对比配色。图1-26所示为对比配色界面，色彩间对比视觉冲击强烈，黄色和紫色作为对比色，背景颜色的反差使画面中的内容更容易吸引用户。

图1-26

1.4 UI常见组件

UI相当于一个框架，这个框架中含有各种各样的组件，这些组件实现了各种各样的功能。下面认识一些常见的UI组件。

1.4.1 图标

图标一般是指放置在主界面上的应用软件图标，用户可以通过单击图标来启动应用软件。图标的设计应该着重考虑视觉效果，它需要在很小的范围内表现出应用软件的内涵。图标是整个应用软件品牌形象的重要组成部分，用户在看到图标的时候便建立起对应用软件的第一印象，所以应用软件需要一个漂亮且具有吸引力的图标。图1-27所示为精美的应用软件图标设计。

图1-27

1.4.2 按钮

按钮的作用是引发即时操作，即当用户单击按钮后，触发即时操作。作为基础组件之一，按钮广泛应用于不同平台的产品中。同一应用软件的按钮应该具有统一的设计风格，每个按钮之间也应该有所区别，如图1-28所示。

图1-28

完整的按钮视觉体系包含强、中、弱3个层次，按钮的状态分为正常未单击、单击时和不可用3种状态，如图1-29所示。

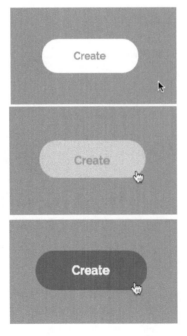

图1-29

1.4.3 导航

导航的作用是引导和指示，它可以引导用户和产品进行有效的交互，实现用户的目标。单击导航上的按钮可以进入对应的内容页面，导航的种类有很多，如宫格式导航、陈列式导航、舵式导航等。图1-30所示为宫格式导航和陈列式导航。

图1-30

1.4.4 栏

栏是包含了导航信息、告诉用户目前所在的位置和能帮助用户浏览或启动某些操作的控制按钮。栏分为状态栏、导航栏、标签栏和工具栏。图1-31所示为状态栏。

图1-31

第 2 章

UI入门之
Photoshop

Photoshop是一款图形、图像处理软件。平面设计是Photoshop应用较为广泛的领域，无论是图书封面，还是海报，这些含有丰富图像的平面印刷品，基本上都需要运用Photoshop对图像进行处理。本章将讲解Photoshop的基本使用方法。

2.1 软件的基本操作

在学习用Photoshop制作UI之前，需要先学会该软件的一些基本操作。下面开始了解Photoshop中的新建文件、打开文件和置入文件等软件的基本操作。

2.1.1 新建文件

在Photoshop中，不仅可以编辑一个现有的图像，还可以创建一个空白的文件，对它进行各种编辑操作。执行"文件"→"新建"命令或按Ctrl+N组合键，打开"新建文档"对话框，如图2-1所示，设置文件名称、大小、分辨率、颜色模式和背景内容等，然后单击"创建"按钮即可新建文件。

图2-1

2.1.2 打开文件

在Photoshop中编辑一个图像文件，需要先将其打开。文件的打开方式有很多，可以使用命令打开，也可以使用Ctrl+O组合键打开。

执行"文件"→"打开"命令，可以打开"打开"对话框，选择一个文件或按住Ctrl键选择多个文件，单击"打开"按钮或者双击，即可将其打开，如图2-2所示。

图2-2

2.1.3 置入文件

置入文件是将照片、图片等位图文件，以及AI、PDF等矢量文件作为智能对象置入Photoshop。执行"文件"→"置入嵌入对象"命令，在打开的"置入嵌入的对象"对话框中选择当前要置入的文件，将其置入当前文件，如图2-3所示。

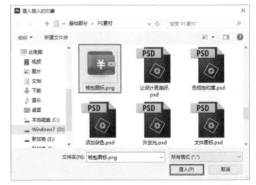

图2-3

图2-3（续）

2.1.4　辅助工具

在绘制图标或软件UI的时候，有时会使用到Photoshop中的辅助工具。标尺、参考线、网格等都属于辅助工具，它们虽然不能用来编辑图像，但是可以帮我们更精确地完成UI的制作。下面来介绍这些辅助工具。

1.标尺

标尺可以确定图像或元素的位置。

【练习2-1】使用标尺

源 文 件：第2章\练习2-1
在线视频：第2章\练习2-1 使用标尺.mp4

绘制图标或UI之前可以使用标尺工具拖出参考线，下面讲解调整标尺原点的方法。

01 运行Photoshop 2020，执行"文件"→"打开"命令，打开资源文件中的"相册图标.psd"素材。执行"视图"→"标尺"命令，或按Ctrl+R组合键，显示标尺，如图2-4所示。

02 如果要设置标尺的测量单位，将鼠标指针移动至标尺上方并右击，在弹出的快捷菜单中设置尺寸单位，如图2-5所示。

图2-4　　　　　　　图2-5

03 默认情况下，标尺的原点位于窗口的左上角，如果要修改原点的位置，可以从图像的特定点开始测量。将鼠标指针放在原点上，向右下方拖动，画面中会显示出十字线，如图2-6所示。

04 将原点拖放到需要的位置，该处便成为原点的新位置，如图2-7所示。

图2-6　　　　　　　　　图2-7

05 在窗口左上角双击，可以将原点恢复到默认位置，如图2-8所示。

图2-8

> 提示
>
> 如果要隐藏标尺，再次执行"视图"→"标尺"命令，或按Ctrl+R组合键即可。

2.参考线

参考线是一款非常常用的辅助工具，在平面设计中尤为实用。在制作整齐排列的元素时，徒手移动很难保证元素整齐排列。如果有了参考线，则可以在移动元素时使之自动"吸附"到参考线上，从而使版面更加整齐。使用参考线之前需要先显示标尺。

【练习2-2】使用参考线

源 文 件：第2章\练习2-2

在线视频：第2章\练习2-2 使用参考线.mp4

使用参考线可以绘制标准的图标，下面讲解参考线的使用方法。

[01] 运行Photoshop 2020，执行"文件"→"打开"命令，打开资源文件中的"相册图标.psd"素材。按Ctrl+R组合键，显示标尺，将鼠标指针放在水平标尺上，向下拖动鼠标，即可拖出水平参考线，如图2-9所示。

[02] 采用步骤01的方法可在垂直标尺上拖出垂直参考线，如图2-10所示。

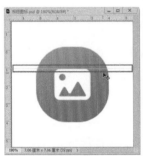 

图2-9　　　　　　　　　　图2-10

[03] 选择工具箱中的"移动工具" ⊹，将鼠标指针放在参考线上，鼠标指针会变为 ⊹ 状，拖动鼠标即可移动参考线，如图2-11所示。

图2-11

[04] 将垂直参考线"拖回"垂直标尺，可将其删除，如图2-12所示。执行"视图"→"清除参考线"命令，可以删除所有参考线，如图2-13所示。

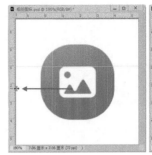 

图2-12　　　　　　　　　　图2-13

提示

创建或移动参考线时，按住Shift键，可以使参考线与标尺上的刻度对齐。

3.网格

网格对于对称布置对象非常有用。执行"视图"→"显示"→"网格"命令，可在文档窗口中显示网格，如图2-14所示。显示网格之后，执行"视图"→"对齐"→"网格"命令，可使用对齐功能，此后在进行创建选区和移动图像等操作时，对象将会自动对齐到网格上。

 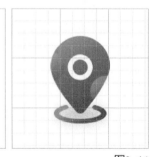

图2-14

2.1.5　图像变换与变形

移动、旋转、缩放、扭曲、斜切等是图像处理的基本方法，其中，移动、旋转和缩放称为变换操作；扭曲和斜切称为变形操作。本小节介绍如何对UI图标进行变换和变形操作。

1.定界框、中心点和控制点

"编辑"→"变换"子菜单中包含了各种变换命令，它们可以对选中的图像进行变换操作。执行这些命令时，当前对象周围会出现一个定界框，定界框中央有一个中心点，四周有控制点，如图2-15所示。默认情况下，中心点位于对象的中心，它用于定义对象的变换中心，拖动可以移动其位置；拖动控制点则可以进行变换操作。图2-16所示为中心点在不同位置时图像的旋转效果。

图2-15

图2-16

2.移动图像

"移动工具" ⊕ 是Photoshop中常用的工具之一，无论是在文档中移动图层、选区内的图像，还是将其他文档中的图像拖入当前文档，都需要使用该工具。

在"图层"面板中选择要移动的对象所在的图层，如图2-17所示。使用"移动工具" ⊕ 在画面中拖动鼠标即可移动所选图层中的图像，如图2-18所示。

图2-17

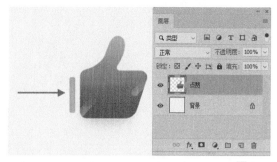

图2-18

3.变换与变形图像

在学习了定界框、中心点、控制点和移动图像之后，下面来学习如何对图像进行变换与变形操作。

【练习2-3】 旋转与缩放

源 文 件：	第2章\练习2-3
在线视频：	第2章\练习2-3 旋转与缩放.mp4

在绘制UI图标的过程中难免要对其进行旋转、缩放等操作。下面讲解旋转与缩放图标的方法。

01 运行Photoshop 2020，按Ctrl+O组合键，打开资源文件中的"好书推荐图标.psd"素材，如图2-19所示。选择要旋转对象所在的图层，如图2-20所示。

图2-19　　　　　　　　图2-20

02 执行"编辑"→"自由变换"命令，或按Ctrl+T组合键显示定界框，如图2-21所示。将鼠标指针放在定界框外靠近中间位置的控制点处，当鼠标指针变为 ↰ 状时，拖动鼠标即可旋转对象，如图2-22所示。

03 操作完成后，按Enter键确认。如果对旋转结果不满意，可以按Esc键取消操作。

图2-21   图2-22

04 下面缩放图像。将鼠标指针放在定界框四周的任一控制点上,当鼠标指针变为 ⤢ 状时,拖动鼠标即可等比缩放图像,如图2-23所示。如果要进行不等比缩放,可在缩放的同时按住Shift键,如图2-24所示。

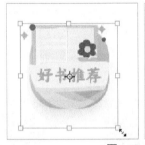

图2-23   图2-24

【练习2-4】倾斜与扭曲

源 文 件：第2章\练习2-4
在线视频：第2章\练习2-4 倾斜与扭曲.mp4

除了旋转与缩放图标外,还可以倾斜与扭曲图标,下面讲解倾斜与扭曲图标的方法。

01 运行Photoshop 2020,按Ctrl+O组合键,打开资源文件中的"好书推荐图标.psd"素材,如图2-25所示。

图2-25

02 按Ctrl+T组合键显示定界框,将鼠标指针放在定界框外侧位于水平中间位置的控制点上,按住Shift+Ctrl组合键,当鼠标指针变为 ⤧ 状时,拖动鼠标可沿水平方向斜切对象,如图2-26所示。直接执行"编辑"→"变换"→"斜切"命令,也可以斜切对象。

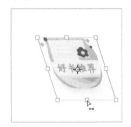

图2-26

03 将鼠标指针放在定界框外侧位于垂直中间位置的控制点上,鼠标指针会变为 ⤸ 状,可以沿垂直方向斜切对象,如图2-27所示。

04 按Esc键取消操作,接下来进行扭曲操作。执行"编辑"→"变换"→"扭曲"命令,将鼠标指针放在定界框四周的任意控制点上,鼠标指针变为 ▷ 状,拖动鼠标可扭曲对象,如图2-28所示。

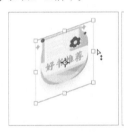

图2-27   图2-28

2.2 Photoshop工具组

在学习完辅助工具后,接下来学习实际操作工具。Photoshop提供了多个工具组,运用它们可以绘制出丰富多彩的界面。

2.2.1 选区工具组

在Photoshop中处理界面的局部内容时,要先指定编辑操作的有效区域,即创建选区。一般在制作UI的过程中常用一些基本选择工具创建选区。

基本选择工具包括选框类工具和套索类工具。"矩形选框工具" ▭、"椭圆选框工具" ◯、"单行选框工具" ▬ 和"单列选框工具" ▮ 等属于选框类工具，这些工具可以创建规则的选区。而"套索工具" ◯、"多边形套索工具" ◹ 和"磁性套索工具" ◹ 等属于套索类工具，这些工具可以创建不规则的选区。

1.矩形选框工具

"矩形选框工具" ▭ 用于创建矩形和正方形选区，图2-29所示为"矩形选框工具" ▭ 的选项栏。

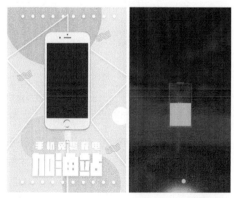

图2-29

【练习2-5】使用矩形选框工具创建矩形选区

源 文 件：	第2章\练习2-5
在线视频：	第2章\练习2-5 使用矩形选框工具创建矩形选区.mp4

下面学习如何使用"矩形选框工具" ▭ 在图像上创建矩形选区。

[01] 运行Photoshop 2020，按Ctrl+O组合键，打开资源文件中的"手机充电.psd"和"充电图.png"素材，如图2-30所示。

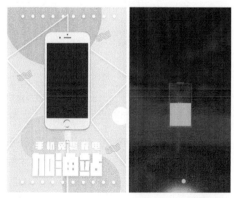

图2-30

[02] 使用"矩形选框工具" ▭ 在手机屏幕框内创建选区，如图2-31所示。

[03] 将鼠标指针放在选区内，当鼠标指针变为 ▷ 状时，拖动选区至"充电图.png"图像上，如图2-32所示。

图2-31　　　　　　图2-32

[04] 按Ctrl+C组合键复制选区的图像内容，切换至"手机充电.psd"文档，按Ctrl+V组合键将复制的图像粘贴到选区内，完成手机充电时的屏幕的制作，如图2-33所示。

图2-33

2.椭圆选框工具

"椭圆选框工具" ◯ 主要用来创建椭圆形选区和圆形选区，按住Shift键就可以创建圆形选区，如图2-34和图2-35所示。其操作方法和"矩形选框工具" ▭ 的操作方法相同。

图2-34　　　　　　图2-35

图2-36所示为"椭圆选框工具" 的选项栏。

图2-36

3.单行选框工具和单列选框工具

"单行选框工具" 和"单列选框工具" 可以创建高度为1像素的行或宽度为1像素的列的选区，常用来制作网格。

【练习2-6】使用单列选框工具创建选区

源 文 件：第2章\练习2-6

在线视频：第2章\练习2-6 使用单列选框工具创建选区.mp4

下面讲解使用单行和单列选框工具创建选区（图标背景线）的方法。

01 运行Photoshop 2020，按Ctrl+O组合键，打开资源文件中的"电话图标.psd"素材，如图2-37所示。

图2-37

02 执行"视图"→"显示"→"网格"命令，在画面中显示网格，如图2-38所示。

图2-38

03 选择工具箱中的"单列选框工具" ，在工具选项栏中单击"添加到选区" 按钮，然后在网格线上单击，创建宽度为1像素的选区，如图2-39所示。

04 单击"图层"面板底部的"创建新图层" 按钮，创建图层。按Ctrl+Delete组合键，在选区内填充背景色（白色），按Ctrl+D组合键取消选区，并隐藏网格，如图2-40所示。

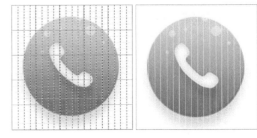

图2-39　　　　　　　　图2-40

05 按Ctrl+T组合键显示定界框，旋转线条，如图2-41所示。

06 按Alt+Ctrl+G组合键创建剪贴蒙版，将图标以外的线条隐藏，如图2-42所示。

图2-41　　　　　　　　图2-42

2.2.2 形状工具组

形状实际上就是由路径轮廓围成的矢量图形，UI的元素通常都是由矢量图形构成的。Photoshop中的形状工具包括"矩形工具" 、"圆角矩形工具" 、"椭圆工具" 、"多边形工具" 、"直线工具" 和"自定形状工具" 等。它们可以绘制出标准的几何矢量图形，也可以绘制出自定义的图形。

1.矩形工具

使用"矩形工具" 可以绘制正方形和矩形，其使用方法与"矩形选框工具" 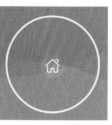 类似。在绘制时，按住Shift键可以绘制出正方形，如图2-43所示；按住Alt键可以以鼠标单击点为中心绘制矩形，如图2-44所示；按住Shift+Alt组合键则可以以鼠标单击点为中心绘制正方形。

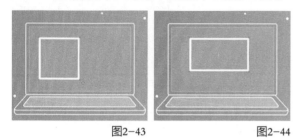

图2-43　　　　　　　图2-44

2.圆角矩形工具

使用"圆角矩形工具" 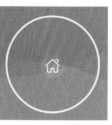 可以绘制出具有圆角效果的矩形，其绘制方法和选项与"矩形工具" 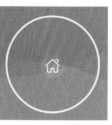 相似，只不过多了一个"半径"选项。"半径"选项用来设置圆角的半径，数值越大，圆角越大，如图2-45所示。

图2-45

3.椭圆工具

使用"椭圆工具" 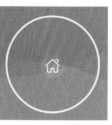 可以绘制出椭圆形和圆形，其绘制方法和设置选项与矩形工具相似。如果要绘制椭圆形，拖动鼠标就可以进行绘制；如果要绘制圆形，可以按住Shift键或Shift+Alt组合键进行绘制，如图2-46所示。

图2-46

4.多边形工具

使用"多边形工具" 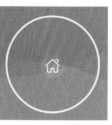 可以绘制出正多边形（最少为3条边）和星形。选择该工具后，可以在工具选项栏中设置多边形和星形的边数与半径长度，还可以绘制具有平滑拐角的多边形和星形。

【练习2-7】使用多边形工具绘制星形图标

源　文　件：第2章\练习2-7

在线视频：第2章\练习2-7 使用多边形工具绘制星形图标.mp4

使用"多边形工具" 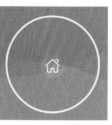 可以绘制不同效果的星形图形，下面讲解绘制星形图标的方法。

01 运行Photoshop 2020，执行"文件"→"新建"命令，新建一个400像素×400像素的空白文档。

02 选择工具箱中的"多边形工具" 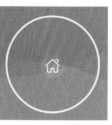，在工具选项栏设置"边"为4，单击 ⚙ 按钮，勾选"平滑拐角"和"星形"复选框，修改"缩进边依据"为40%，最后勾选"平滑缩进"复选框，如图2-47所示。

03 继续在工具选项栏设置"填充"为黄色（R:255，G:214,B:41），"描边"为黑色，在画面中绘制星形，如图2-48所示。

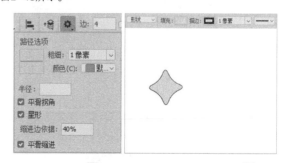

图2-47　　　　　　　图2-48

[04] 按3次Ctrl+J组合键，将该星形复制3份，并移动它们的位置，如图2-49所示。

图2-49

[05] 继续在画面中绘制星形，并在工具选项栏修改"填充"为无，"描边"为黄色（R:255,G:214,B:41），描边宽度为6像素，修改星形的大小和位置，如图2-50所示。

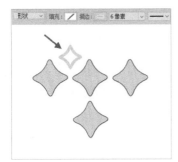

图2-50

[06] 复制3个该星形，并移动它们的位置，如图2-51所示。

图2-51

[07] 在"图层"面板选中"背景"图层，设置前景色为深灰色（R:58,G:58,B:58），按Alt+Delete组合键为"背景"图层填充前景色，最终效果如图2-52所示。

图2-52

5.直线工具

"直线工具" 用来绘制直线和带箭头的线段。选择该工具后，拖动鼠标可以绘制直线或线段，按住Shift键可以绘制水平、垂直或以45°角为增量的直线。它的选项栏中包含了设置直线粗细的选项，此外，下拉面板中还包含了设置箭头的选项，如图2-53所示。

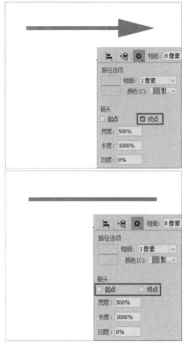

图2-53

6.自定形状工具

使用"自定形状工具" 可以绘制Photoshop预设的形状、自定义的形状或是外部提供的形状。选择该工具后，需要单击工具选项栏中"形状"下拉列表按钮，在其打开的形状列表中选择所需的形状，然后在画面中拖动鼠标即可绘制该形状，如图2-54所示。如果要保持形状的比例，可以按住Shift键绘制形状。

图2-54

2.2.3　绘图工具组

制作UI的过程中难免需要用到一些绘图工具，Photoshop提供了多种类型的绘图工具，下面来学习这些工具的使用方法。

1.画笔工具

"画笔工具"类似于传统的毛笔，它使用前景色绘制线条。画笔不仅能够绘图，还可以修改蒙版。图2-55所示为"画笔工具"的选项栏。

图2-55

【练习2-8】 使用画笔工具绘制玩偶图标

源　文　件：第2章\练习2-8

在线视频：第2章\练习2-8 使用画笔工具绘制玩偶图标.mp4

使用"画笔工具"可以绘制图标，下面讲解绘制玩偶图标的方法。

01 运行Photoshop 2020，执行"文件"→"新建"命令，新建一个200像素×200像素的空白文档。

02 单击工具箱中的"画笔工具"，在工具选项栏单击笔刷右侧的按钮，打开画笔下拉面板，如图2-56所示。在面板中选择笔刷类型，设置画笔的大小和硬度参数，如图2-57所示。

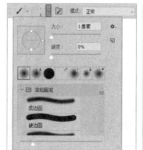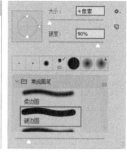

图2-56　　　　　　　　图2-57

03 继续在工具选项栏设置"平滑"为50%，设置前景色为蓝色（R:26,G:32,B:142），在画面中绘制兔子玩偶图形，如图2-58所示。

图2-58

04 修改画笔的"大小"为"3像素"，绘制兔子耳朵的阴影，如图2-59所示。

05 在工具选项栏设置画笔"不透明度"为50%，修改前景色为红色（R:255,G:0,B:0），在兔子脸部绘制短线段，完成玩偶图标的绘制，如图2-60所示。

图2-59　　　　　　　　图2-60

2.钢笔工具

"钢笔工具"是Photoshop中强大的绘图工具之一，它主要有两种用途：一是绘制矢量图形，二是用于选取对象。当作为选取工具使用时，"钢笔工具"描绘出的轮廓光滑、准确，将路径转换为选区就可以准确地选择对象，如图2-61所示。

图2-61

3.渐变工具

使用"渐变工具" ▣可以在整个文档或选区内填充渐变颜色。它的应用非常广泛，不仅可以填充图像，也可以填充蒙版等。"渐变工具" ▣的选项栏如图2-62所示。

图2-62

【练习2-9】 使用渐变工具绘制按钮

源 文 件：第2章\练习2-9
在线视频：第2章\练习2-9 使用渐变工具绘制按钮.mp4

使用"渐变工具" ▣可以绘制有水晶质感的按钮，下面进行详细讲解。

01 按Ctrl+O组合键，打开资源文件中的"按钮.psd"素材，如图2-63所示。

图2-63

02 单击工具箱中的"渐变工具" ▣，在工具选项栏单击"线性渐变" ▣按钮，如图2-64所示。

图2-64

03 单击左侧的渐变颜色条，打开"渐变编辑器"窗口，双击左侧的色标，打开"拾色器（色标颜色）"对话框，在"拾色器（色标颜色）"对话框中调整该色标的颜色，修改渐变颜色，如图2-65所示。

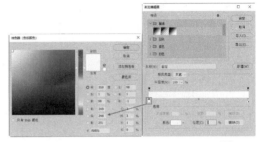

图2-65

04 在渐变条下方单击添加新色标，双击新色标，修改渐变颜色为紫色（R:134,G:87,B:212），拖动该色标，改变渐变颜色的混合位置，如图2-66所示。

05 双击最后一个色标，修改渐变颜色为深紫色（R:41,G:16,B:83），如图2-67所示。

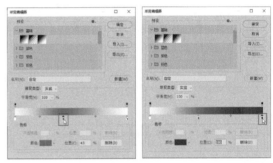

图2-66   图2-67

06 选中"图层1"，按住Ctrl键并单击该图层的缩略图，将其载入选区，如图2-68所示。

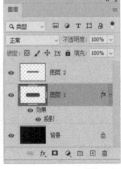

图2-68

07 按住Shift键，在选区内从下至上拖出一条直线，松开鼠标，创建渐变效果，如图2-69所示。

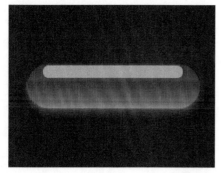

图2-69

08 选中"图层2"，打开"渐变编辑器"窗口，重新修改渐变颜色，如图2-70所示。使用相同的方法，在上方的圆角矩形内填充渐变颜色，绘制有水晶质感的按钮，如图2-71所示。

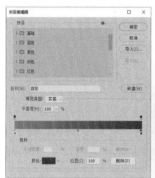 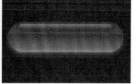

图2-70   图2-71

4.油漆桶工具

"油漆桶工具" 可以在图像中填充前景色或图案。如果创建了选区，填充的区域为所选区域；如果没有创建选区，则填充与鼠标单击点颜色相近的区域。

【练习2-10】用油漆桶工具为图标填色

源 文 件：第2章\练习2-10

在线视频：第2章\练习2-10 用油漆桶工具为图标填色.mp4

使用"油漆桶工具" 可以为图标填色，下面讲解具体填色方法。

01 运行Photoshop 2020，按Ctrl+O组合键，打开资源文件中的"传输图标.psd"素材，如图2-72所示。

图2-72

02 单击工具箱中的"油漆桶工具" ，在工具选项栏设置"填充"为"前景"，"容差"为32，如图2-73所示。

图2-73

03 在"颜色"面板中调整前景色，然后在圆形背景内单击，填充前景色，如图2-74所示。

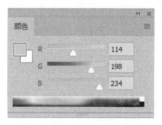 

图2-74

04 调整前景色，为箭头图形填色，如图2-75所示。

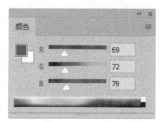 

图2-75

05 采用相同的方法，调整前景色，修改箭头图形边框的颜色，如图2-76所示。

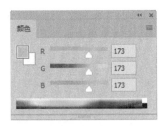

图2-76

2.2.4 文字工具组

文字是UI设计的重要组成部分，它不仅可以传达信息，还能起到美化版面、强化主题的作用。制作UI的过程中，常使用"横排文字工具" T.和"直排文字工具" IT.来创建文字。

"横排文字工具" T.可以用来输入横向排列的文字，"直排文字工具" IT.可以用来输入竖向排列的文字，如图2-77所示。

图2-77

在使用文字工具输入文字之前，需要在工具选项栏或"字符"面板中设置字符的属性，如字体、大小和文本颜色等，图2-78所示为"横排文字工具" T.的选项栏。

图2-78

2.3 色调调整与滤镜

在绘制完UI之后，还需要为UI局部或某些元素调整色调或添加特效。Photoshop有强大的色调调整和滤镜功能，可以让大家制作出自己满意的UI。

2.3.1 色调调整

Photoshop提供了大量色调调整命令，一般用于处理图像。在制作UI的过程中有时也会使用到色调调整命令，下面介绍在UI设计中会使用到的"亮度/对比度"和"色相/饱和度"命令。

1.亮度/对比度

"亮度/对比度"命令可以对图像的色调范围进行调整。执行"图像"→"调整"→"亮度/对比度"命令，打开"亮度/对比度"对话框，向左拖动滑块可以降低亮度和对比度；向右拖动滑块可以增加亮度和对比度，如图2-79所示。

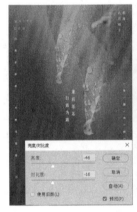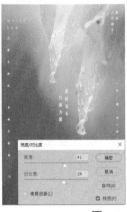

图2-79

2.色相/饱和度

"色相/饱和度"命令可以调整整个图像或选区内的图像的色相、饱和度和明度，同时也可以对单个通道进行调整。执行"图像"→"调整"→"色相/饱和度"命令，可以打开"色调/饱和度"对话框。

在通道下拉列表中可以选择全图、红色、黄色、绿色、青色、蓝色和洋红通道进行调整。选择好通道以后，可以调整下面的"色相""饱和度"和"明度"的数值，如图2-80所示。

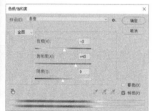

图2-80

"高斯模糊"滤镜可以添加低频细节，使图像产生一种朦胧的效果，如图2-81所示。通过调整"半径"值可以设置模糊的范围，其以像素为单位，数值越高，模糊效果越强。

图2-81

2.3.2　滤镜

Photoshop中的滤镜具有非常神奇的作用，在UI设计中，可以通过不同的滤镜制作各具特色的UI元素。在多种滤镜中常使用到"高斯模糊""动感模糊""添加杂色"等滤镜。

1.高斯模糊

"高斯模糊"滤镜属于模糊滤镜组中的滤镜。模糊滤镜组包含高斯模糊、光晕模糊、表面模糊、动感模糊和径向模糊等14种滤镜。它们可以削弱相邻像素的对比度并柔化图像，使图像产生模糊效果。

2.动感模糊

"动感模糊"滤镜可以根据制作效果的需要沿指定方向，以指定强度模糊图像，产生的效果类似于以固定的曝光时间给一个移动的对象拍照，如图2-82所示。

图2-82

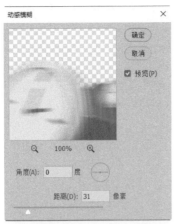

图2-82（续）

图2-83（续）

其中"分布"用来设置杂色的分布方式。选择"平均分布"，会随机地在图像上加入杂点，效果比较柔和；选择"高斯分布"，会沿钟形曲线分布的方式添加杂点，杂点效果比较强烈。

2.4 蒙版

蒙版是一种遮盖图像的工具，它主要用于合成图像，可以用蒙版将部分图像遮住，从而控制图像的显示内容。这样做并不会删除图像，只是将其隐藏起来，因此，蒙版是一种非破坏性的编辑工具。

Photoshop提供了3种蒙版，即矢量蒙版、剪贴蒙版和图层蒙版。矢量蒙版则通过路径和矢量形状控制图像的显示区域；剪贴蒙版通过一个对象的形状来控制其他图层的显示区域；图层蒙版通过蒙版中的灰度信息来控制图像的显示区域，可用于合成图像，也可以控制填充图层、调整图层、智能滤镜的有效范围。

2.4.1 矢量蒙版

矢量蒙版是由钢笔、自定形状等矢量工具创建的蒙版，它与分辨率无关，无论怎样缩放都能保持光滑的轮廓，因此，常用来绘制图标、按钮等元素。剪贴蒙版和图层蒙版都是基于像素的蒙版，矢量蒙版则将矢量图形引入蒙版，它不仅丰富了蒙版的多样性，也为我们提供了一种可以在矢量状态下编辑蒙版的特殊方式。

【练习2-11】创建矢量蒙版

源　文　件：第2章\练习2-11

在线视频：第2章\练习2-11 创建矢量蒙版.mp4

3.添加杂色

"添加杂色"滤镜属于杂色滤镜组中的滤镜。杂色滤镜组包含减少杂色、蒙尘与划痕、去斑、添加杂色和中间值等5种滤镜。它们可以添加或去除杂色或带有随机分布色阶的像素，创建与众不同的纹理。

"添加杂色"滤镜可以将随机的像素应用于图像，模拟高速相机拍照的效果，如图2-83所示。

图2-83

矢量蒙版可以通过路径和矢量形状控制图像的显示区域。下面讲解创建矢量蒙版的方法。

01 运行Photoshop 2020，按Ctrl+O组合键，打开资源文件中的"节气闪屏页.psd"素材，如图2-84所示。

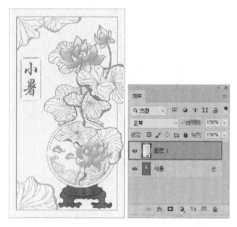

图2-84

02 单击工具箱中的"自定形状工具"，在工具选项栏设置工具模式为"路径"，打开"形状"下拉面板，选择花图形，如图2-85所示。

图2-85

03 按住Shift键，在画面中拖动鼠标绘制路径，如图2-86所示。

图2-86

04 执行"图层"→"矢量蒙版"→"当前路径"命令，或按住Ctrl键单击"图层"面板底部的 按钮，即可基于当前路径创建矢量蒙版，路径区域外的图像会被蒙版遮盖，稍微向下移动图形，最终效果如图2-87所示。

图2-87

提示

执行"图层"→"矢量蒙版"→"全部显示"命令，可以创建显示全部图像内容的矢量蒙版；执行"图层"→"矢量蒙版"→"隐藏全部"命令，可以创建隐藏全部图像的矢量蒙版。

2.4.2 剪贴蒙版

剪贴蒙版可以用一个图层中包含像素的区域来限制其上层图像的显示范围。它最大的优点是可以通过一个图层来控制多个图层的可见内容，而图层蒙版和矢量蒙版都只能控制一个图层。

【练习2-12】创建剪贴蒙版

源 文 件：第2章\练习2-12	
在线视频：第2章\练习2-12 创建剪贴蒙版.mp4	

剪贴蒙版可以通过一个对象的形状来控制其他图层的显示区域。下面将讲解创建剪贴蒙版的方法。

01 运行Photoshop 2020，按Ctrl+O组合键，打开资源文件中的"节气App启动页.psd"素材，如图2-88所示。

02 单击工具箱中的"矩形工具"▢，在工具选项栏设置工具模式为形状，"填充"为黑色，"描边"为无，在画面下方空白处绘制黑色矩形，如图2-89所示。

图2-88   图2-89

03 执行"文件"→"置入嵌入对象"命令，置入"荷花.jpg"素材，放大图像并调整图像的位置，按Enter键确认，如图2-90所示。

图2-90

04 选中"荷花"图层，按Alt+Ctrl+G组合键创建剪贴蒙版，界面效果和"图层"面板如图2-91所示。

图2-91

2.4.3 图层蒙版

图层蒙版是一个256级色阶的灰度图像，它在图层的上方，起到遮盖图层的作用，然而其本身并不可见。图层蒙版主要用于图像的合成。此外，在创建、调整、填充图层，或应用智能滤镜时，Photoshop也会主动为其添加图层蒙版，因此，图层蒙版还可以控制颜色调整和滤镜范围。

【练习2-13】创建图层蒙版

源 文 件：第2章\练习2-13

在线视频：第2章\练习2-13 创建图层蒙版.mp4

图层蒙版是位图图像，几乎可以使用所有的绘画工具来编辑它。下面通过实际操作来学习如何创建图层蒙版。

01 运行Photoshop 2020，按Ctrl+O组合键，打开资源文件中的"鼠标.psd"和"汽车.psd"素材，如图2-92所示。

图2-92

02 将"汽车"拖动到"鼠标"文档中，修改"汽车"图层的"不透明度"为30%，以便对汽车进行变形操作时能够准确地观察到鼠标，如图2-93所示。

03 按Ctrl+T组合键调整汽车大小，再按住Ctrl键拖动定界框四周的控制点对图像进行变形，如图2-94所示。

图2-93　　　　　　　　图2-94

04 单击"图层"面板底部的 ▣ 按钮，为图层添加蒙版。使用"画笔工具" ✎ ，选择柔角画笔 ● ，在汽车上涂抹黑色，用蒙版遮盖图像，如图2-95所示。

图2-95

05 将"汽车"图层的"不透明度"修改为100%，效果如图2-96所示。按X键将前景色切换为白色，在车轮处涂抹，使被隐藏的车轮显示出来，如图2-97所示。

图2-96　　　　　　　　图2-97

2.5 图层混合模式与图层样式

在Photoshop中，图层混合模式和图层样式都能为UI元素添加不同的特殊效果，在UI设计中是常用的功能。

2.5.1 图层透明效果

"图层"面板中有"不透明度"和"填充"两个控制图层不透明度的选项。在这两个选项中，100%代表了完全不透明、50%代表了半透明、0%代表了完全透明。

"不透明度"用于控制图层、图层组中绘制的像素和形状的不透明度，如果对图层应用了图层样式，则图层样式的不透明度也会受到该值的影响。"填充"只影响图层中绘制的像素和形状的不透明度，不会影响图层样式的不透明度。

添加了"外发光"效果的图标，调整图层"不透明度"时，会对图标及发光效果都产生影响，如图2-98所示。

图2-98

调整"填充"时，仅影响图标，外发光效果不会受到影响，如图2-99所示。

图2-99

2.5.2 图层混合模式

图层混合模式是Photoshop的核心功能之一，它决定了像素的混合方式，可用于合成图像、创建选区和特殊效果，不会对图像造成任何实质性的破坏。

在"图层"面板中选择一个图层，单击面板顶部"正常"右侧的 ▾ 按钮，打开下拉列表即可选择图层混合模式，如图2-100所示。

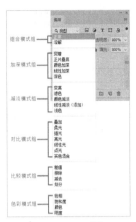

图2-100

图层混合模式分为6组，共27种，不同组的图层混合模式也可以产生相似的效果或有着相近的用途，如"正片叠底"模式和"线性加深"模式的效果相似，如图2-101所示。

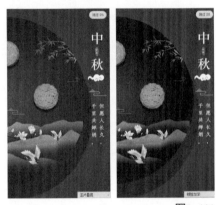

图2-101

- "正片叠底"模式：当前图层中的像素与底层的白色混合时保持不变，与底层的黑色混合时则被其替换，混合结果通常会使图像变暗。
- "线性加深"模式：通过减小亮度使像素变暗，它与"正片叠底"模式的效果相似，但可以保留底层图像更多的颜色信息。

2.5.3 图层样式

图层样式也叫图层效果，它可以为图层中的对象添加内阴影、投影、内发光、外发光、斜面和浮雕、描边等效果，创建接近真实质感的水晶、玻璃、金属和纹理等特效。

制作UI图标经常会使用到图层样式，下面介绍几种常用的图层样式。

1.内阴影

"内阴影"样式可以为图层添加从边缘向内产生的阴影样式，使图层内容产生凹陷效果，图2-102所示为"内阴影"的参数选项设置及添加"内阴影"样式前后的效果对比。

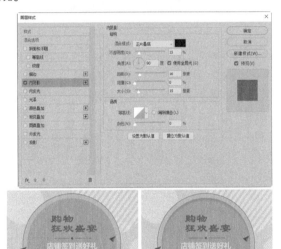

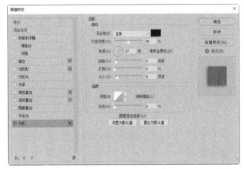

图2-102

2.投影

"投影"样式与"内阴影"样式相似，"投影"样式用于制作图层边缘向后产生的阴影效果。图2-103所示为"投影"的参数选项设置及添加"投影"样式前后的效果对比。

图2-103

图2-103（续）

3.内发光

"内发光"样式可以沿图层内容的边缘向内创建发光效果。图2-104所示为"内发光"的参数选项设置及添加"内发光"样式前后的效果对比。

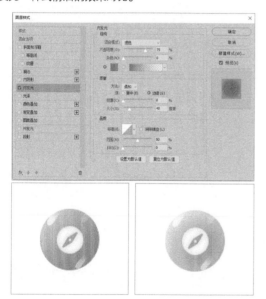

图2-104

4.外发光

"外发光"样式可以沿图层内容的边缘向外创建发光效果。图2-105所示为"外发光"的参数选项设置及添加"外发光"样式前后的效果对比。

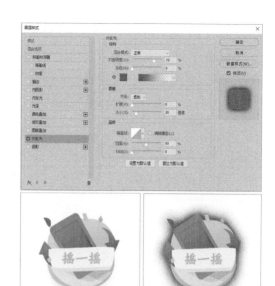

图2-105

5.斜面和浮雕

"斜面和浮雕"样式可以对图层添加高光与阴影的各种组合，使图层内容呈现立体的浮雕效果。图2-106所示为"斜面和浮雕"的参数选项设置及添加"斜面和浮雕"样式前后的效果对比。

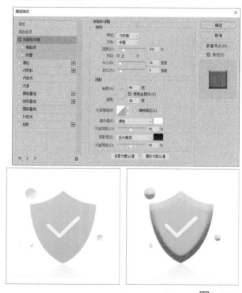

图2-106

6.描边

　　"描边"样式可以使用颜色、渐变颜色或图案描绘对象的轮廓，它对硬边形状，如文字等特别有用。图2-107所示为"描边"的参数选项设置及添加"描边"样式前后的效果对比。

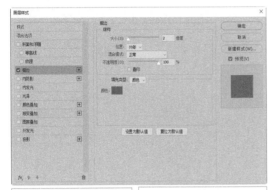

图2-107

7.颜色叠加

　　"颜色叠加"样式可以在图层上叠加指定的颜色，通过设置颜色的混合模式和不透明度，可以控制叠加效果。图2-108所示为"颜色叠加"的参数选项设置及添加"颜色叠加"样式前后的效果对比。

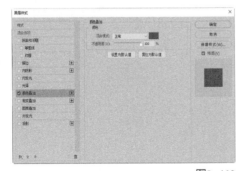

图2-108

图2-108（续）

8.渐变叠加

　　"渐变叠加"样式可以在图层上叠加指定的渐变颜色，不仅可以制作带有多种颜色的对象，还可以通过渐变颜色制作突起、凹陷等三维效果。图2-109所示为"渐变叠加"的参数选项设置及添加"渐变叠加"样式前后的效果对比。

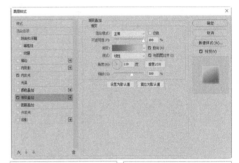

图2-109

2.6 实战：绘制太阳天气图标

源 文 件：第2章\2.6
在线视频：第2章\2.6 实战：绘制太阳天气图标.mp4

　　本实战要绘制一个太阳天气图标，需要能熟练使用形状工具和图层样式，尤其在设置图标的图层样式时，还需对物体的光影效果有一定的了解。

01 运行Photoshop 2020，执行"文件"→"新建"命令，新建一个400像素×400像素的空白文档。

02 设置前景色为深蓝色（R:24,G:31,B:39），设置背景色为浅蓝色（R:80,G:113,B:144）。单击工具箱中的"渐变工具" ，在工具选项栏设置渐变类型为前景色到背景色渐变，并单击"线性渐变" 按钮，为背景添加线性渐变，如图2-110所示。

03 使用"椭圆工具" 在画面中心绘制橘色（R:253,G:149,B:26）填充、无描边的圆形，如图2-111所示。

图2-110 　　　　　　　　图2-111

04 双击"圆形"图层，打开"图层样式"对话框，勾选"内阴影"样式，设置其参数，其中"混合模式"右侧的颜色为橘黄色（R:255,G:144,B:0），如图2-112所示。

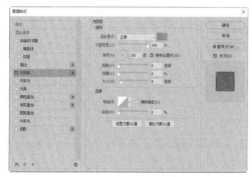

图2-112

05 勾选"外发光"样式，设置其参数，其中颜色块的颜色为橘色（R:255,G:102,B:0），如图2-113所示。

06 此时文档窗口中的圆形如图2-114所示。继续在"图层样式"对话框中勾选"内发光"样式，设置其参数，其中颜色块的颜色为橘黄色（R:255,G:132,B:0），如图2-115所示。

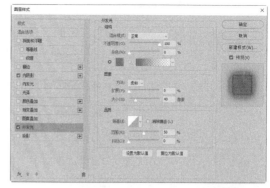

图2-113

图2-114

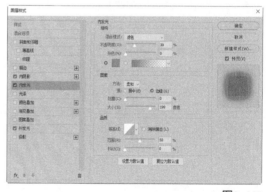

图2-115

07 勾选"斜面和浮雕"样式，设置其参数，其中"高光模式"右侧的颜色为浅黄色（R:255,G:243,B:141），如图2-116所示，此时文档中的圆形如图2-117所示。

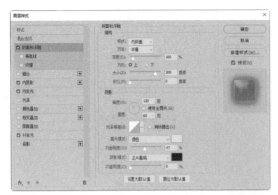

图2-116

图2-119　　　　　图2-120

10　设置前景色为黑色，按Alt+Delete组合键，在选区内填充黑色，如图2-121所示。

11　设置背景色为白色，执行"滤镜"→"渲染"→"分层云彩"命令，为选区添加分层云彩效果，如图2-122所示，将该图层命名为"云彩"。

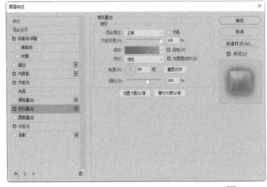

图2-117

08　在"图层样式"对话框中勾选"渐变叠加"样式，设置其参数，其中"渐变"颜色为橘黄色（R:255,G:155,B:38）到橘红色（R:255,G:60,B:0），如图2-118所示。

图2-121　　　　　图2-122

 提示

在使用"分层云彩"滤镜时，若是对该次滤镜效果不满意，可以重复执行该命令，每次执行的分层云彩效果不相同。

图2-118

09　此时文档窗口中的圆形如图2-119所示。单击"图层"面板底部的"创建新图层" ▣ 按钮，创建图层，使用"矩形选框工具" ▣ 创建矩形选区，使圆形包含在选区内，如图2-120所示。

12　按住Ctrl键并单击"圆形"图层缩略图，创建圆形的选区，如图2-123所示。

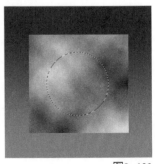

图2-123

⑬ 按Ctrl+J组合键复制"云彩"图层,将复制的图层命令为"太阳",隐藏"云彩"图层,此时画面效果和"图层"面板如图2-124所示。

⑭ 设置"太阳"图层的图层混合模式为"叠加",如图2-125所示。

图2-124

图2-125

⑮ 按Ctrl+O组合键,打开资源文件中的"火焰.psd"素材,将其拖动到文档中,调整大小并放置在合适的位置,如图2-126所示。

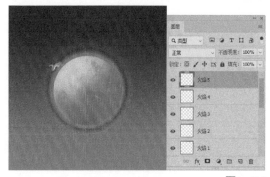

图2-126

⑯ 设置"火焰4"和"火焰5"的图层混合模式为"滤色",完成太阳的制作,如图2-127所示。

图2-127

⑰ 按Ctrl+O组合键,打开资源文件中的"云朵.png"素材,将云朵拖动到文档中,调整大小并放置在合适的位置,最终效果如图2-128所示。

图2-128

2.7 习题:制作手机App 登录界面

源 文 件:第2章\2.7

在线视频:第2章\2.7 习题:制作手机App登录界面.mp4

本习题为制作手机App登录界面,界面整体比较简约,重点掌握矩形工具、椭圆工具、钢笔工具等绘制形状工具,以及文字工具的运用方法,最终效果如图2-129所示。

图2-129

本习题为制作小程序游戏开始菜单界面，界面主要以游戏场景画面作为背景，再添加按钮文字，使版面布局简洁明了又不失趣味，最终效果如图2-130所示。

图2-130

2.8 习题：制作小程序游戏开始菜单界面

源 文 件：第2章\2.8

在线视频：第2章\2.8 习题：制作小程序游戏开始菜单界面.mp4

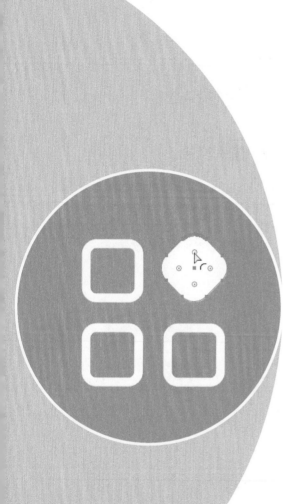

第 3 章

UI入门之
Illustrator

  Illustrator是Adobe公司推出的基于矢量图形的图形制作软件，该软件主要应用于印刷出版、海报/书籍排版、专业插画、多媒体图像处理和UI设计等。Illustrator非常适用于绘制UI图标或其他界面元素，本章将讲解Illustrator的基本使用方法。

3.1 文档的基本操作

在Illustrator中绘制任何图形对象之前，要先对该软件的基本操作有所了解，如文档的新建、打开和置入等。

3.1.1 新建文档

执行"文件"→"新建"命令，或按Ctrl+N组合键，将打开图3-1所示的"新建文档"对话框。在其中输入文件的名称，设置大小和颜色模式等选项，单击"创建"按钮，即可新建一个空白文档。

图3-1

3.1.2 打开文档

如果要打开一个文件，可以执行"文件"→"打开"命令，或按Ctrl+O组合键，在打开的"打开"对话框中选择文件，选中文件后单击"打开"按钮或按Enter键即可将其打开，如图3-2所示。

图3-2

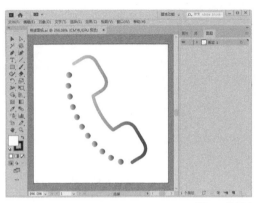

图3-2（续）

3.1.3 置入文档

执行"文件"→"置入"命令，或按Shift+Ctrl+P组合键，打开"置入"对话框，选择其他程序创建的文件或位图图像文件，单击"置入"按钮，然后在画面中拖动鼠标，即可将其置入现有的文档中，如图3-3所示。

图3-3

3.2 基本绘图工具

Illustrator提供了多种绘图工具,它们可以快速地绘制各种图标,将复杂的图标扁平化。

3.2.1 简单绘图工具

"直线段工具" ✐ 和 "弧形工具" ⌒ 可以绘制直线和弧形曲线,下面详细讲解这两个工具。

1.直线段工具

"直线段工具" ✐ 用于绘制直线。在绘制过程中按住Shift键,可以绘制水平、垂直或以45°角方向为增量的直线;按住Alt键,直线会以单击点为中心向两侧延伸;如果要绘制指定长度和角度的直线,可在画板中单击,打开"直线段工具选项"对话框进行设置,如图3-4所示。

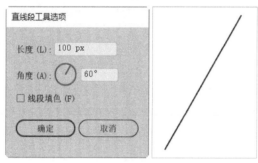

图3-4

延伸讲解:直线段的调整

选择"直线段工具" ✐ 后,"属性"面板会显示该工具的各种选项,其中"描边"右侧的文本框可以设置描边粗细,如图3-5所示。

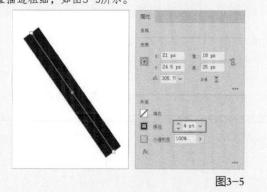

图3-5

2.弧形工具

"弧形工具" ⌒ 用来绘制弧线。弧线的绘制方法与直线的绘制方法基本相同,在画板中单击鼠标设定弧线的起点和终点即可创建一条弧线。

在绘制过程中按X键,可以切换弧线的凹凸方向,如图3-6所示。按C键,可在开放图形与闭合图形之间切换,图3-7所示为闭合图形。

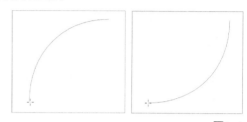

图3-6

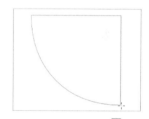

图3-7

按住Shift键,可以保持固定的角度;按↑、↓、←、→方向键可以调整弧线的斜率,如图3-8所示。

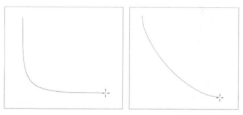

图3-8

如果要精确绘制弧线,可在画板中单击,打开"弧线段工具选项"对话框并设置参数,如图3-9所示。

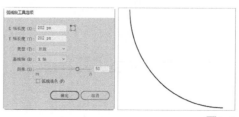

图3-9

源 文 件：第3章\练习3-1

在线视频：第3章\练习3-1 绘制无线网络图标.mp4

"弧形工具" ⌒ 可以绘制UI中的无线网络图标，下面讲解绘制无线网络图标的方法。

01 运行Illustrator 2020，执行"文件"→"新建"命令，新建一个200px×200px的空白文档。

02 选择工具箱中的"弧形工具" ⌒ ，设置"填色"为无，"描边"为（R:53,G:138,B:203），描边粗细为12pt，修改"端点"为圆头端点，按住Shift键的同时按住并拖动鼠标，绘制标准的弧形，如图3-10所示。

03 使用"选择工具" ▶ 选中弧形并调整弧形的角度，如图3-11所示。

图3-10   图3-11

04 使用上述方法绘制其他弧形，如图3-12所示。使用"椭圆工具" ◉ 在弧形的下方绘制圆形，最终效果如图3-13所示。

图3-12   图3-13

3.2.2　几何绘图工具

"矩形工具" ▢ 、"圆角矩形工具" ▢ 、"椭圆工具" ◉ 、"多边形工具" ⬡ 和"星形工具" ★ 等都属

于最基本的几何绘图工具。选择其中一种工具后，在画面中拖动鼠标可以自由绘制图形。

1.矩形工具

"矩形工具" ▢ 可以绘制矩形和正方形，如图3-14所示。选择该工具后，在画板中拖动鼠标可以绘制任意大小的矩形；按住Alt键，鼠标指针将变为 ⊞ 形状，可由单击点为中心向外绘制矩形；按住Shift键，可绘制正方形；按住Shift+Alt组合键，可由单击点为中心向外绘制正方形。

图3-14

如果要绘制一个指定大小的矩形，可以在画板中单击，打开"矩形"对话框并设置参数，如图3-15所示。

图3-15

源 文 件：第3章\练习3-2

在线视频：第3章\练习3-2 绘制保险箱图标.mp4

利用基本绘图工具可以绘制出简单的图标，下面讲解使用"直线段工具" ╱ 和"矩形工具" ▢ 绘制保险箱图标的方法。

01 运行Illustrator 2020，执行"文件"→"新建"命令，新建一个130px×130px的空白文档。

02 使用"矩形工具" ▣ 在绘图区单击，打开"矩形"对话框，设置矩形"宽度"为80px，"高度"为70px，单击"确定"按钮，绘制一个"填色"为浅绿色（R:173,G:219,B:219）、"描边"为绿色（R:56,G:175,B:170）、描边粗细为2pt的矩形，如图3-16所示。

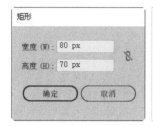
图3-16

03 单击"属性"面板中的"描边"，在打开的下拉面板中设置"边角"为圆角连接，如图3-17所示。

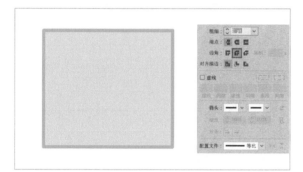
图3-17

04 使用"直线段工具" ╱ 在矩形的下方和内部绘制线段，并设置"端点"为圆头端点，如图3-18所示。

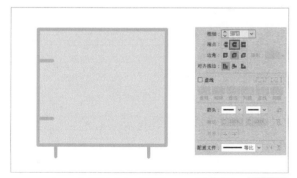
图3-18

05 在矩形内部绘制线段，修改"描边"为灰色（R:190,G:193,B:203），最终效果如图3-19所示。

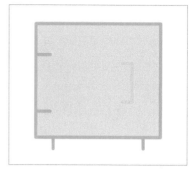
图3-19

2.圆角矩形工具

"圆角矩形工具" ▣ 可以绘制圆角矩形。它的使用方式及组合键都与"矩形工具" ▣ 相同。不同的是，在绘制过程中按↑方向键，可增加圆角半径，最终圆角矩形将成为圆形；按↓方向键，可减少圆角半径，最终圆角矩形将成为矩形；按←或→方向键，可以在矩形与圆形之间切换。

如果要绘制指定大小的圆角矩形，可以在画板中单击，打开"圆角矩形"对话框并设置参数，如图3-20所示。

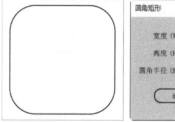
图3-20

【练习3-3】 绘制分类图标

源 文 件：第3章\练习3-3	
在线视频：第3章\练习3-3 绘制分类图标.mp4	

使用"圆角矩形工具" ▣ 可以绘制分类图标，下面讲解绘制分类图标的方法。

01 运行Illustrator 2020，执行"文件"→"新建"命令，新建一个130px×130px的空白文档。

02 使用"圆角矩形工具" ▣，设置"填色"为紫色（R:198,G:126,B:178），"描边"为无，在绘制过程中按↑方向键，直至画出圆形，如图3-21所示。

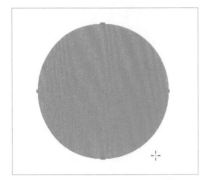

图3-21

03 修改"填色"为无，"描边"为白色，描边粗细为2.5pt，在圆形内绘制较小的圆角矩形，在绘制的过程中，按↓方向键，直至调整为圆角矩形，如图3-22所示。

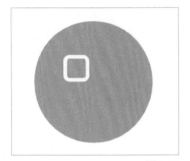

图3-22

04 将圆形内的圆角矩形复制两份，移动它们的位置，如图3-23所示。

图3-23

05 复制一份圆角矩形，并将其旋转45°，将它修改为白色填色、无描边的圆角矩形。使用"直接选择工具" ▷，拖动圆角矩形内的圆形锚点 ◉，将锚点向内拖动，使圆角矩形的边角变得更为平滑，如图3-24所示。

图3-24

3.椭圆工具

"椭圆工具" ◉ 可以绘制圆形和椭圆形，如图3-25所示。选择该工具后，在画板中拖动鼠标可以绘制任意大小的椭圆形；按住Shift键，可绘制圆形；按住Alt键，可以单击点为中心向外绘制椭圆形；按住Shift+Alt组合键，则可以单击点为中心向外绘制圆形。

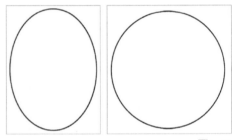

图3-25

如果要绘制指定大小的椭圆形或圆形，可在画板中单击，打开"椭圆"对话框并设置参数，如图3-26所示。

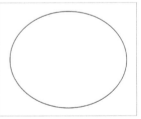

图3-26

【练习 3-4】绘制笑脸表情

源 文 件：第3章\练习3-4

在线视频：第3章\练习3-4 绘制笑脸表情.mp4

使用"椭圆工具" ◉ 可以绘制聊天表情，下面讲解绘制笑脸表情的方法。

01 运行Illustrator 2020，执行"文件"→"新建"命令，新建一个130px×130px的空白文档。

02 使用"椭圆工具"  在画布中绘制黄色（R:245,G:187,B:31）圆形，如图3-27所示。

03 使用"椭圆工具" 在黄色圆形内部绘制两个较小的深灰色（R:51,G:51,B:51）圆形，如图3-28所示。

图3-27　　　　　　　　　　图3-28

04 在黄色圆形内再次绘制深灰色圆形，使用"直接选择工具" 选中圆形上方的锚点，按Delete键删除，将圆形变成半圆，如图3-29所示。

图3-29

05 使用步骤04的方法，绘制红色（R:191,G:35,B:40）半圆，笑脸表情的最终效果如图3-30所示。

图3-30

4.多边形工具

"多边形工具" 可以绘制3条边或3条边以上的多边形，如图3-31所示。在绘制过程中，按↑或↓方向键，可增加或减少多边形的边数。

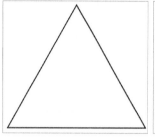
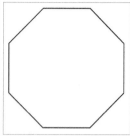

图3-31

如果要指定多边形的半径和边数，可在画板中单击，打开"多边形"对话框并设置参数，如图3-32所示。

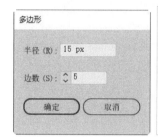
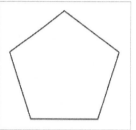

图3-32

5.星形工具

"星形工具" 可以绘制各种形状的星形，如图3-33所示。在绘制过程中，按↑或↓方向键，可增加或减少星形的角点数。

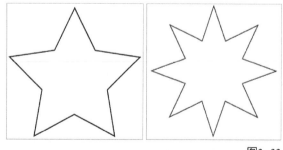

图3-33

如果要更加精确地绘制星形，可以在画板中单击，打开"星形"对话框并设置参数，如图3-34所示。其中"半径1"选项用来指定从星形中心到星形最内点的距离；"半径2"选项用来指定从星形中心到星形最外点的距离；"角点数"选项用来指定星形具有的点数。

图3-34

3.2.3　徒手绘图工具

　　徒手绘图工具可以快速绘制出素描效果或手绘效果。使用"铅笔工具" 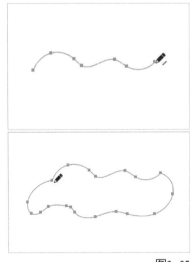绘制图形，再通过"平滑工具" ✐ 平滑和简化路径，"路径橡皮擦工具" ✐ 则可以擦除路径。下面具体介绍这几种工具的使用方法。

1.铅笔工具

　　"铅笔工具" ✐ 可以徒手绘制路径，就像用铅笔在纸上绘图一样。该工具适合绘制比较随意的图形，在快速绘制素描效果或手绘效果时很有用。

　　选择"铅笔工具" ✐ 后，在画板上拖动鼠标即可绘制路径，当鼠标指针移动到路径的起点时释放鼠标，可以绘制出闭合路径，如图3-35所示。如果拖动鼠标时按住Shift键，可以绘制出以45°角为增量的斜线；按住Alt键，可绘制出直线。

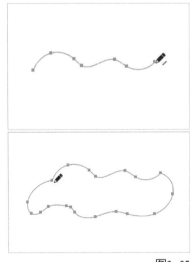

图3-35

　　使用"铅笔工具" ✐ 绘图时，锚点数量、路径的长度和复杂程度由"铅笔工具选项"对话框中设置的参数决定。双击"铅笔工具" ✐ ，可以打开"铅笔工具选项"对话框，如图3-36所示。

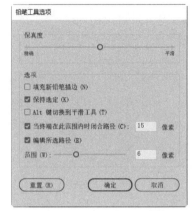

图3-36

【练习3-5】绘制点赞图标

源　文　件：第3章\练习3-5

在线视频：第3章\练习3-5 绘制点赞图标.mp4

　　使用"铅笔工具" ✐ 可以徒手绘制点赞图标，下面讲解绘制点赞图标的方法。

01 运行Illustrator 2020，执行"文件"→"新建"命令，新建一个130px×130px的空白文档。

02 使用"矩形工具" ■ 在画布中绘制蓝色（R:57,G:82,B:162）矩形，如图3-37所示。

图3-37

03 双击"铅笔工具" ✐ ，打开"铅笔工具选项"对话框并设置参数，使用"铅笔工具" ✐ 在矩形右边绘制手形，如图3-38所示。

图3-38

04 使用"铅笔工具"  在手内部绘制爱心图形,如图3-39所示。

图3-39

05 修改爱心图形的"填色"为蓝色(R:57,G:82,B:162),"描边"为无,最终效果如图3-40所示。

图3-40

2.平滑工具

"平滑工具" 可以平滑路径的外观,也可以通过删除多余的锚点来简化路径。在操作时,首先选择路径,然后选择"平滑工具" ,在路径上反复拖动鼠标,即可进行平滑处理,如图3-41所示。在处理的过程中,Illustrator会删除部分锚点,并且尽可能地保持路径原有的形状。

双击"平滑工具" ,可以打开"平滑工具选项"对话框修改工具的选项,如图3-42所示。"保真度"用来

控制必须将鼠标指针移动多大距离,Illustrator才会向路径添加新的锚点。滑块越靠向"平滑"一侧,路径越平滑,锚点越少。

图3-41

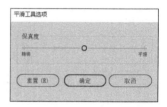

图3-42

3.路径橡皮擦工具

"路径橡皮擦工具" 可以擦去画笔路径的全部或其中一部分,也可以将一条路径分割为多条路径。

要擦除路径,首先要选中当前路径,然后使用"路径橡皮擦工具" 在需要擦除的路径位置按住鼠标,在不释放鼠标的情况下拖动鼠标擦除路径,达到满意的效果后释放鼠标,即可将该段路径擦除。擦除路径效果如图3-43所示。

图3-43

3.2.4 钢笔工具绘图

"钢笔工具" 是Illustrator中强大的绘图工具之一,它可以绘制直线、曲线和各种转角曲线。灵活、熟练地使用"钢笔工具" 绘图,是每一个UI设计师必须掌握的基本技能。

1.绘制直线

选择"钢笔工具" ✐ ，在画板上单击（不要拖动鼠标）创建锚点，在另一位置单击即可绘制直线，继续在其他位置单击，可继续绘制直线，如图3-44所示。按住Shift键可以将直线的角度值限定为45的倍数。

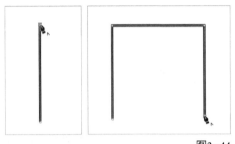

图3-44

如果要结束开放式路径的绘制，可按住Ctrl键（切换为"选择工具" ▶ ）在远离对象的位置单击。如果要闭合路径，可以将鼠标指针放在第一个锚点上（鼠标指针变为 ♦。状），单击即可，如图3-45所示。

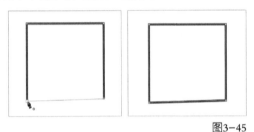

图3-45

2.绘制曲线

使用"钢笔工具" ✐ 单击鼠标创建平滑点，在另一处拖动鼠标即可绘制曲线。如果向前一条方向线的相反方向拖动鼠标，可创建C形曲线。如果按照与前一条方向线相同的方向拖动鼠标，可绘制S形曲线。绘制曲线时，锚点越少，曲线越平滑。曲线绘制效果如图3-46所示。

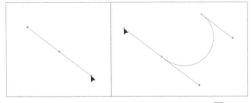

图3-46

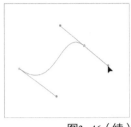

图3-46（续）

3.绘制转角曲线

转角曲线是与上一段曲线之间出现转折的曲线。绘制这样的曲线时，需要在创建新的锚点前改变方向线的方向。

使用"钢笔工具" ✐ 绘制一段曲线，将鼠标指针放在方向点上，同时按住鼠标左键和Alt键向相反方向拖动，这样的操作是通过拆分方向线的方式将平滑点转换成角点，如图3-47所示。此时方向线的长度决定了下一条曲线的斜度。

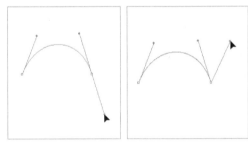

图3-47

放开鼠标左键和Alt键，在其他位置拖动鼠标创建一个新的平滑点，即可绘制出转角曲线，如图3-48所示。

图3-48

【练习 3-6】 绘制气象图标

源 文 件：第3章\练习3-6

在线视频：第3章\练习3-6 绘制气象图标.mp4

使用"钢笔工具"[图] 可以绘制气象图标，下面讲解绘制气象图标的方法。

01 运行 Illustrator 2020，执行"文件"→"新建"命令，新建一个200px×200px的空白文档。

02 使用"钢笔工具"[图]，设置"填色"为无，"描边"为墨绿色（R:49,G:82,B:90），描边粗细为5pt，在画面中绘制一段曲线，如图3-49所示。

03 将鼠标指针放在方向点上，按住鼠标左键和Alt键向相反方向拖动，如图3-50所示。

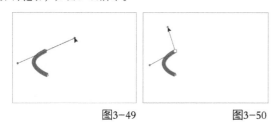

图3-49　　　　　　　　图3-50

04 松开鼠标左键和Alt键，在其他位置拖动鼠标创建一个新的平滑点，继续绘制曲线，如图3-51所示。使用同样的方法继续绘制曲线，如图3-52所示。

图3-51　　　　　　　　图3-52

05 按住Ctrl键在空白处单击，结束开放式路径。使用"直接选择工具"[图] 单击各个锚点并调整锚点的方向线，制作云朵效果，如图3-53所示。

06 继续使用"钢笔工具"[图]，修改描边粗细为3pt，"端点"为圆头端点，在云朵下方绘制直线，最终效果如图3-54所示。

图3-53　　　　　　　　图3-54

3.3 填色与文字

填色是指在路径或矢量图形内部填充颜色、渐变颜色或图案，图形的颜色和文字都是UI设计中非常重要的部分，本节学习如何对图形进行填色，以及添加文字。

3.3.1 单色填充

单色填充也叫实色填充，它是颜色填充的基础，一般可以使用"颜色"面板和"色板"面板来编辑用于填充的实色。对图形对象的填充分为内部填充和描边填充。填色的方法很简单，可以通过工具箱底部相关区域来设置，也可以通过"颜色"面板来设置。单击"填色"图标[图] 或"描边"图标[图]，将其设置为当前状态，然后设置颜色即可。

在画布中选择要填色的图形对象，然后在工具箱底部单击"填色"图标[图]，将其设置为当前状态，双击该图标打开"拾色器"对话框，在该对话框中设置要填充的颜色，最后单击"确定"按钮即可对图形填充实色，如图3-55所示。

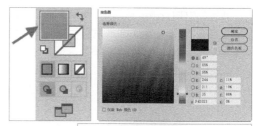

图3-55

在画布中选择要进行描边的图形对象，单击工具箱底部的"描边"图标[图]，将其设置为当前状态，然后双击该图标打开"拾色器"对话框，在该对话框中设置要描边的颜色，再单击"确定"按钮确认需要的描边颜色，即可将图形以新设置的颜色进行描边处理，如图3-56所示。

图3-56

3.3.2 渐变填充

渐变填充是为所选图形填充两种或多种颜色，并且使各颜色之间产生平滑过渡效果。如果要填充渐变颜色，可以使用"渐变工具" ▣ 进行填充，还可以在"渐变"面板中调整渐变参数。

选择一个图形对象，单击工具箱底部的"渐变" ▣ 按钮，即可弹出"渐变"面板，在面板中设置渐变颜色，为图形填充渐变颜色，如图3-57所示。

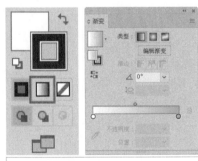

图3-57

3.3.3 渐变网格

渐变网格是一种特殊的渐变填色功能，它通过网格点和网格面接受颜色，通过网格点精确控制渐变颜色的范围和混合位置，具有灵活度高和可控性强等特点。

渐变网格与渐变填充的工作原理基本相同，它们都能在对象内部创建各种颜色之间的平滑过渡效果。渐变填充可以应用于一个或多个对象，但渐变的方向只能是单一的，不能分别调整。而渐变网格只能应用于一个图形，但可以在图形内产生多个渐变，且渐变也可以沿不同的方向分布，如图3-58所示。

图3-58

【练习3-7】 绘制渐变爱心图标

源　文　件：第3章\练习3-7
在线视频：第3章\练习3-7 绘制渐变爱心图标.mp4

使用"网格工具" ▩ 可以为图形添加渐变颜色效果，下面讲解绘制渐变爱心图标的方法。

01 运行Illustrator 2020，执行"文件"→"打开"命令，打开资源文件中的"爱心.ai"素材，如图3-59所示。

图3-59

02 选择工具箱中的"网格工具" ，将鼠标指针移动到图形上，此时鼠标指针变为 状，如图3-60所示。单击将图形转换为一个网格对象，如图3-61所示。

图3-60　　　　　　　　　图3-61

03 继续单击以添加其他网格点，如图3-62所示。使用"直接选择工具" 单击上方的锚点，设置"填色"为黄色（R:245,G:214,B:76），如图3-63所示。

图3-62　　　　　　　　　图3-63

04 单击下方的锚点，设置"填色"为紫色（R:187,G:138,B:187），如图3-64所示。隐藏网格，最终效果如图3-65所示。

图3-64　　　　　　　　　图3-65

3.3.4　文字工具

文字是UI设计作品的重要组成部分，文字不仅可以传达信息，还能起到美化版面、强化主题的作用。Illustrator的文字功能非常强大，用户可以通过点文字、区域文字和路径文字3种方法输入文字，如图3-66所示。点文字会从单击位置开始，随着字符输入沿水平或垂直线扩展；区域文字（也

称段落文字）会利用对象边界来控制字符排列；路径文字会沿开放或封闭路径的边缘排列文字。创建文字后还可以调整字体大小、间距、控制行和列及文本块等。

 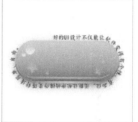

图3-66

Illustrator的工具箱中包含7种文字工具。"文字工具" 和"直排文字工具" 可以创建水平或垂直方向排列的点文字和区域文字；"区域文字工具" 和"直排区域文字工具" 可以在任意的图形内输入文字；"路径文字工具" 和"直排路径文字工具" 可以在路径上输入文字；"修饰文字工具" 可以创造性地修饰文字，创建美观而突出的信息。

下面具体介绍如何创建路径文字。

【练习 3-8】完善保护伞图标

源　文　件：第3章\练习3-8
在线视频：第3章\练习3-8 完善保护伞图标.mp4

使用"路径文字工具" 可以在图形上添加路径文字，下面讲解在图标上添加路径文字的方法。

01 运行Illustrator 2020，执行"文件"→"打开"命令，打开资源文件中的"雨伞.ai"素材，如图3-67所示。

02 使用"路径文字工具" ，将鼠标指针移动到雨伞的上方，确定路径的起点，如图3-68所示。

图3-67 图3-68

03 确定后单击，此时路径上会呈现闪烁的文本输入状态，在"属性"面板设置文字的字体、颜色和大小等属性，文本颜色为橙色（R:229,G:89,B:39），如图3-69所示。

图3-69

04 输入文字，文字会沿该路径排列，按Esc键结束文字的输入状态，即可完成路径文字的添加，如图3-70所示。

图3-70

3.4 编辑图形对象

在Illustrator中可以对现有的图形进行编辑，通过路径编辑、变换对象等操作方法，可以改变其形状，进而得到所需的图形。

3.4.1 路径编辑

绘制路径后，可以使用不同的路径调整功能对路径进行编辑，绘制更多形状各异的对象。

1.偏移路径

选择一条路径，执行"对象"→"路径"→"偏移路径"命令，打开"偏移路径"对话框，如图3-71所示。该命令可基于所选路径复制出一条新的路径。当要创建同心圆图形或制作相互之间保持固定间距的多个对象副本时，偏移路径特别有用。

图3-71

● 位移：用来设置新路径的偏移距离。当该值为正值时，新路径向外扩展，如图3-72所示；当该值为负值时，新路径向内收缩，如图3-73所示。

图3-72 图3-73

● 连接：用来设置拐角处的连接方式，包括"斜接""圆角""斜角"，如图3-74所示。

图3-74

● 斜接限制：用来控制角度的变化范围。该值越大，
　角度变化的范围越大。

2.剪切路径

　　"剪刀工具" ✂ 可以剪切路径。选择该工具后，在
路径上单击即可将其分割，分割处会生成两个重叠的锚
点，使用"直接选择工具" ▷ 选择并移动分割处的锚
点，分割结果如图3-75所示。

图3-75

3.4.2　变换对象

　　变换操作包括对图形进行缩放、旋转、镜像和组合
等。通过"对象"→"变换"下拉菜单中的命令，或使用
专用的工具都可以进行变换操作。

1.缩放对象

　　缩放对象是以围绕某个指定参考点来调整对象放大和
缩小的工具，根据参考点和比例选择的不同，所选对象的
缩放方式也会不同。"比例缩放工具"和"缩放"命令主

要对选择的图形对象进行放大和缩小操作，也可以缩放整
个图形对象。

　　执行"对象"→"变换"→"缩放"命令，打开"比
例缩放"对话框，在该对话框中可以对缩放进行详细的设
置，如图3-76所示。

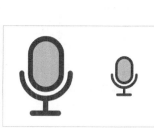

图3-76

2.旋转对象

　　旋转对象指对象围绕某个指定参考点翻转的工具，默
认情况下参考点是对象的中心点，如果选择多个对象，这
些对象则围绕同一个参考点旋转。

　　执行"对象"→"变换"→"旋转"命令，打开"旋
转"对话框，在该对话框中设置相应的参数即可对对象进
行旋转，如图3-77所示。

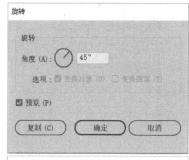

图3-77

> 提示
>
> 也可以直接使用"选择工具" ▶ 旋转对象。

3.镜像对象

镜像也叫反射，在绘图中比较常用，一般用来绘制对称图形和倒影。对对称的图形和倒影来说，重复绘制不但会带来大的工作量，而且不能保证绘制出来的图形与原图形完全相同，这时就可以使用"镜像工具"或"对称"命令来轻松地完成图像的镜像翻转效果和对称效果。

选中要镜像的对象，单击工具箱中的"镜像工具" ⊠，将鼠标指针移动到合适的位置并单击，确定镜像的轴点；如果想复制镜像，按住Alt键的同时拖动鼠标，拖动到合适的位置后释放Alt键和鼠标，即可镜像复制一个图形，如图3-78所示。

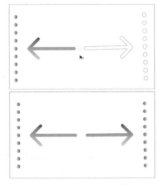

图3-78

使用"镜像工具" ⊠ 还可以完成精确数值的镜像。选中要镜像的对象，双击工具箱中的"镜像工具" ⊠，或执行"对象"→"变换"→"镜像"命令，打开"镜像"对话框，如图3-79所示，对"轴"和"选项"参数进行相应的设置，精确地镜像对象。

图3-79

4.组合对象

使用"路径查找器"面板可以对两个或多个重叠的图形进行合并、分割和修剪等操作。执行"窗口"→"路径查找器"命令，可以打开"路径查找器"面板，如图3-80所示。

图3-80

● 联集 ▣：将选中的多个图形合并为一个图形。合并后，轮廓线及其重叠的部分融合在一起，最前面对象的颜色决定了合并后对象的颜色，如图3-81所示。

图3-81

● 减去顶层 ▣：用最后面的图形减去它前面的所有图形，可保留后面图形的填充和描边，如图3-82所示。

图3-82

● 交集 ▣：只保留图形的重叠部分，删除其他部分，重叠部分显示为最前面图形的填色和描边，如图3-83所示。

图3-83

● 差集 ■：只保留图形的非重叠部分，重叠部分被挖空，最终的图形显示为最前面图形的填色和描边，如图3-84所示。

图3-84

● 分割 ■：对图形的重叠区域进行分割，使之成为单独的图形，分割后的图形可保留图形的填色和描边，并自动编组。

● 修边 ■：将后面图形与前面图形重叠的部分删除，保留对象的填色，无描边。

● 合并 ■：不同颜色的图形合并后，最前面的图形形状保持不变，与后面图形重叠的部分将被删除。

● 裁剪 ■：只保留图形的重叠部分，最终的图形无描边，并显示为最后面图形的颜色。

● 轮廓 ■：只保留图形的轮廓，轮廓的颜色为它自身的填色。

● 减去后方对象 ■：用最前面的图形减去它后面的所有图形，保留最前面图形的非重叠部分的描边和填色。

【练习3-9】 绘制电量图标

源 文 件：第3章\练习3-9
在线视频：第3章\练习3-9 绘制电量图标.mp4

使用"圆角矩形工具" ■ 和"矩形工具" ■ 可以绘制电量图标，下面讲解绘制电量图标的方法。

01 运行Illustrator 2020，执行"文件"→"新建"命令，新建一个200px×200px的空白文档。

02 使用"圆角矩形工具" ■ 在画布中绘制并用深绿色（R:79,G:109,B:72）填色无描边的圆角矩形，如图3-85所示。

图3-85

03 使用"矩形工具" ■ 在圆角矩形的左侧绘制矩形，如图3-86所示。

图3-86

04 选中这两个图形，在"路径查找器"面板中单击"联集" ■ 按钮，合并这两个图形，如图3-87所示。

图3-87

05 在圆角矩形内绘制两个矩形，任意调整这两个矩形的颜色。选中所有图形，在"路径查找器"面板中单击"减去顶层" 🔲 按钮，图形效果如图3-88所示。

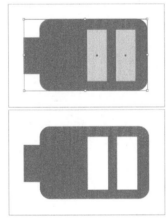

图3-88

06 选中图形，打开"渐变"面板，设置线性渐变颜色，如图3-89所示。

图3-89

3.5 不透明度和混合模式

选择图形后，可以在"透明度"面板中设置它的不透明度和混合模式。不透明度决定了对象的透明程度；混合模式决定了当前对象与它下面的对象堆叠时是否混合，以及采用什么方式混合。

3.5.1 "透明度"面板

"透明度"面板用来设置对象的不透明度和混合模式，并可以创建不透明度蒙版和挖空效果。打开该面板后，选择面板菜单中的"显示选项"选项，可以显示全部选项，如图3-90所示。

图3-90

● 混合模式：单击"正常"右侧的 ⌄ 按钮，可在打开的下拉列表中为当前对象选择一种混合模式。

● 不透明度：用于设置所选对象的不透明度。

● 制作蒙版：用于创建不透明度蒙版。

● 隔离混合：勾选该复选框后，可以将混合模式与已定位的图层或组隔离，使它们下方的对象不受影响。

● 挖空组：勾选该复选框后，可以保证编组对象中单独的对象或图层在相互重叠的地方不能透过彼此显示，如图3-91所示。图3-92所示为取消勾选时的编组对象。

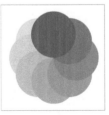

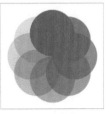

图3-91   图3-92

● **不透明度和蒙版用来定义挖空形状**：用来创建与对象不透明度成比例的挖空效果。在接近100%不透明度的蒙版区域中，挖空效果较强；在具有较低不透明度的区域中，挖空效果较弱。

3.5.2 混合模式

选择一个或多个对象，在"透明度"面板打开混合模式的下拉列表，选择一种混合模式，所选对象会采用这种模式与下面的对象混合。Illustrator提供了16种混合模式，它们分为6组，如图3-93所示。

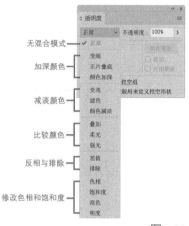

图3-93

图3-94所示为原图，图3-95和图3-96所示分别为"正片叠底"模式和"滤色"模式的效果。

图3-94

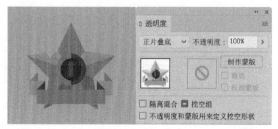

图3-95

图3-96

3.6 实战：制作登录界面

源 文 件：第3章\3.6

在线视频：第3章\3.6 实战：制作登录界面.mp4

本实战讲解如何制作登录界面。利用"网格工具" 🔲 制作渐变背景，再使用基本绘图工具和文字工具制作界面的具体内容。

01 运行Illustrator 2020，执行"文件"→"新建"命令，新建一个750px×1334px的空白文档。

02 使用"矩形工具" 🔲 ，设置"填色"为深蓝色（R:55,G:111,B:148），"描边"为无，绘制一个与画布同样大小的矩形，如图3-97所示。

03 使用"网格工具" 🔲 将鼠标指针移动到图形上，在左上角和右下角单击，将其转换为网格对象，如图3-98所示。

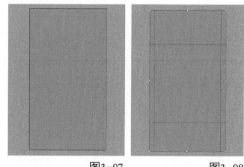

图3-97　　　　　图3-98

04 使用"直接选择工具" ▷ 选中左侧上方的两个锚点，设置"填色"为紫色（R:74,G:115,B:177），为锚点着色，如图3-99所示。

05 使用步骤04的方法，为右侧上方的两个锚点填充浅绿色（R:196,G:252,B:237），如图3-100所示。

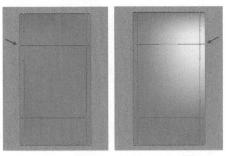

图3-99　　　　　　　图3-100

06 继续为左侧下方的两个锚点填充浅紫色（R:164,G:190,B:243），如图3-101所示。

07 为左下角的两个锚点填充蓝色（R:66,G:125,B:167），使左下角的颜色过渡更加自然，背景制作完成，如图3-102所示。

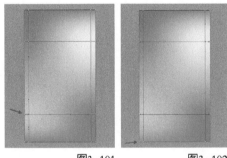

图3-101　　　　　　　图3-102

08 使用"圆角矩形工具" ◻，在画面中绘制一个灰色（R:179,G:179,B:179）圆角矩形，如图3-103所示。

图3-103

09 选中并右击灰色圆角矩形，在弹出的快捷菜单中选择"编组"选项，将该图形编组。

10 双击该图形，进入图形编辑模式，再次选中图形，执行"窗口"→"透明度"命令，打开"透明度"对话框，设置混合模式为"颜色加深"，如图3-104所示。

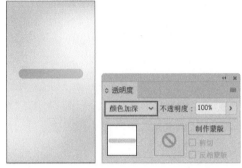

图3-104

11 退出图形编辑模式，使用"椭圆工具" ◯，在圆角矩形的左侧绘制白色圆形，如图3-105所示。

图3-105

12 使用步骤11的方法绘制相同的白色圆形，如图3-106所示。继续使用"椭圆工具" ◯，设置"填色"为无，"描边"为蓝色（R:60,G:113,B:152），描边粗细为1.2pt，在步骤11绘制的白色圆形内绘制两个大小不一的圆形，如图3-107所示。

图3-106　　　　　　　图3-107

13 使用"直接选择工具" ▷ 单击步骤12绘制的较大圆形下方的锚点，按Delete键将其删除，如图3-108所示。

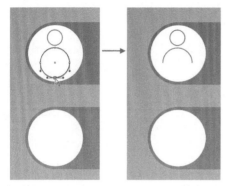

图3-108

14 选中并右击断开连接的两个锚点，在弹出的快捷菜单中选择"连接"选项，闭合路径，将两个图形编组并调整位置，如图3-109所示。

15 修改描边粗细为1.5pt，接着在步骤12绘制的白色圆形内绘制圆形和圆角矩形，如图3-110所示。

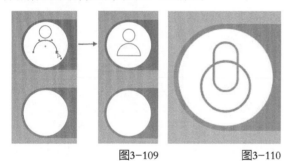

图3-109   图3-110

16 将这两个图形同时选中，执行"窗口"→"路径查找器"命令，打开"路径查找器"，单击"差集" ▣ 按钮。使用"直接选择工具" ▷ 选中圆形内部圆角矩形的所有锚点，按Delete键删除，如图3-111所示。

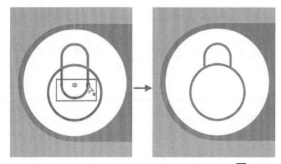

图3-111

17 继续绘制两个图形，将它们同时选中，单击"联集" ▣ 按钮，效果如图3-112所示。

图3-112

18 在画面的底部绘制两个白色圆角矩形，如图3-113所示。

图3-113

19 使用类似步骤16的方法在画面的上方绘制白色图形，如图3-114所示。

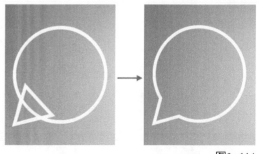

图3-114

20 在步骤19绘制的图形内部绘制小圆形，绘制出对话图标，如图3-115所示。

21 将对话图标编组并复制，修改复制图形的"填色"为白色，"描边"为无，并单击"路径查找器"中的"差集" 按钮，得到图3-116所示的图形。

图3-115　　　　　　图3-116

22 选中该对话图标，右击，在弹出的快捷菜单中选择"变换"→"对称"选项，打开"镜像"对话框，将"轴"设置为"垂直"，如图3-117所示。单击"确定"按钮，然后调整两个对话图标的大小和位置，如图3-118所示。

图3-117　　　　　　图3-118

23 复制左边的对话图标，位置保持不变，选中复制的对话图标和右边的对话图标，单击"路径查找器"中的"减去顶层" 按钮，得到图3-119所示的图形。

24 使用"文字工具" 在画面中输入白色文字，如图3-120所示。

图3-119　　　　　　图3-120

25 执行"文件"→"置入"命令，将资源文件中的"微博.png"和"微信.png"素材置入下方白色圆角矩形的位置，调整它们的大小，如图3-121所示。

图3-121

26 添加上方的状态栏。使用"矩形工具" 在画面顶部绘制颜色为蓝色（R:195,G:200,B:216）的矩形，然后添加资源文件中的"电量图标.ai"和"无线网图标.ai"素材，再补充其他状态栏内容，最终效果如图3-122所示。

图3-122

3.7 习题：绘制火龙果图标

源 文 件：第3章\3.7

在线视频：第3章\3.7 习题：绘制火龙果图标.mp4

本习题主要练习绘制火龙果图标。主要运用椭圆工具、钢笔工具进行绘制，再对图标进行填色。扁平化效果给人简洁、舒适的感觉，整体的配色也十分清新，如图3-123所示。

图3-123

3.8 习题：制作购物车界面

源 文 件：第3章\3.8

在线视频：第3章\3.8 习题：制作购物车界面.mp4

本习题主要练习制作购物车界面。该界面是购物车被清空后的界面，运用椭圆工具、矩形工具等绘图工具绘制

简约的图标和按钮，再结合文字工具添加按钮文字，界面整体简洁、精致、美观且一目了然，如图3-124所示。

图3-124

第 4 章

UI动效之
After Effects

After Effects是一款图形视频处理软件,是制作动态影像不可缺少的辅助工具之一。使用After Effects可以创建各种视觉效果,本章将讲解After Effects的基本使用方法。

4.1 After Effects的基本操作

本节主要介绍After Effects的基本操作，遵循After Effects的操作流程有助于提高动效制作的效率，也能避免在工作中出现不必要的错误和麻烦。

4.1.1 新建项目

在制作动效之前，首先要做的就是新建一个项目。执行"文件"→"新建"→"新建项目"命令，或按Ctrl+Alt+N组合键，即可新建一个项目。

在新建了项目之后，可以执行"文件"→"项目设置"命令，或者单击"项目"窗口右上角的"菜单" ▤ 按钮，打开"项目设置"对话框，如图4-1所示。在"项目设置"对话框中可以根据实际需要分别对"视频渲染和效果""时间显示样式""颜色""音频""表达式"等进行设置。

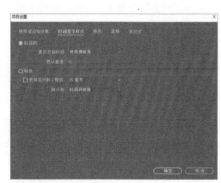

图4-1

4.1.2 新建合成

一个项目中可以包含多个合成，并且每个合成都能作为一段素材应用到其他合成中，下面详细介绍几种新建合成的基本方法。

- 方法1：在"项目"窗口中的空白处右击，然后在弹出的快捷菜单中选择"新建合成"命令，可以打开"合成设置"对话框，如图4-2所示。
- 方法2：执行"合成"→"新建合成"命令，打开"合成设置"对话框。
- 方法3：单击"项目"窗口底部的"新建合成" 🖼

按钮，可以直接打开"合成设置"对话框并新建合成。

- 方法4：进入After Effects的操作界面后，在"合成"窗口单击"新建合成"按钮，如图4-3所示。

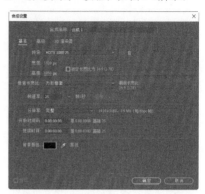

图4-2

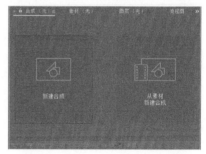

图4-3

4.1.3 导入素材

制作动效的过程中，有时需要导入素材，素材的导入主要是将素材导入"项目"面板中或是相关文件夹中。执行"文件"→"导入"→"文件"命令，或按Ctrl+I组合键，在打开的"导入文件"对话框中选择要导入的素材，然后单击"导入"按钮即可，如图4-4所示。

图4-4

图4-4（续）

4.2 图层的基本操作

图层是After Effects的重要组成部分，几乎所有的动画效果都是在图层中完成的，特效的应用首先要添加到图层中，才能制作出最终的效果。掌握图层的基本操作，才能更好地管理图层，并应用图层制作出优质的动效。

4.2.1 新建图层

图层的新建非常简单，只需要将导入"项目"面板中的素材，拖曳到"时间轴"面板中即可新建图层，如图4-5所示。如果同时拖动几个素材到"项目"面板中，就可以新建多个图层。

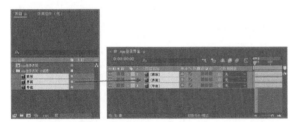

图4-5

4.2.2 编辑图层

编辑图层是指根据项目制作的需要，对图层进行复制及粘贴、合并、拆分和删除等操作。熟练掌握编辑图层的各种技巧，有助于提高工作效率。

1. 复制及粘贴图层

"复制"命令可以快速、重复使用相同的素材，选择要复制的图层后，执行"编辑"→"复制"命令，或按Ctrl+C组合键，即可将图层复制。在需要的合成中，执行"编辑"→"粘贴"命令，或按Ctrl+V组合键，即可将图层粘贴，粘贴的图层将位于当前选择图层的上方，如图4-6所示。

图4-6

提示

还可以应用"重复"命令来复制图层，执行"编辑"→"重复"命令，或按Ctrl+D组合键，快速复制图层。

2. 合并多个图层

为了方便制作动效，有时候需要将几个图层合并在一起。在"时间轴"面板选择需要合并的图层，然后在图层上右击，在弹出的快捷菜单中选择"预合成"命令，在打开的"预合成"对话框中设置预合成的名称，如图4-7所示，单击"确定"按钮即可合并多个图层。

图4-7

3. 图层的拆分与删除

选择要进行拆分的图层，将时间线拖动到需要拆分的位置，执行"编辑"→"拆分图层"命令，或按Ctrl+Shift+D组合键，即可将选中的图层拆分为两个，如图4-8所示。在"时间轴"面板选中要删除的图层，执行"编辑"→"清除"命令，或按Delete键，即可将选中的图层删除。

图4-8

4.2.3 图层叠加模式

"图层叠加"是指将一个图层与其下面的图层相互混合、叠加，以便共同完成画面效果。After Effects提供了多种图层叠加模式，不同的叠加模式可以产生不同的混合效果，并且不会对原始图像造成影响。

在"时间轴"面板的图层上右击，在弹出的快捷菜单中选择"混合模式"选项，并选择相应的模式。也可以直接单击图层后面的"模式"下拉列表按钮 ✓，如图4-9所示，在弹出的列表中选择相应的模式。

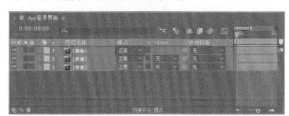

图4-9

延伸讲解：添加图层样式

右击某个图层，在弹出的快捷菜单中选择"图层样式"选项中的各种样式，为图层内容添加样式效果，如图4-10所示。

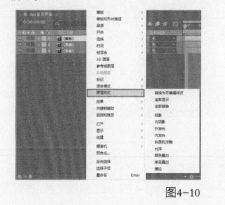

图4-10

【练习4-1】制作弹窗界面

源 文 件：第4章\练习4-1

在线视频：第4章\练习4-1 制作弹窗界面.mp4

通过修改图层叠加模式可以实现弹窗效果。下面讲解如何制作弹窗界面。

▢1 运行After Effects 2020，执行"合成"→"新建合成"命令，新建一个750px×1334px的合成，设置"持续时间"为5秒，如图4-11所示。

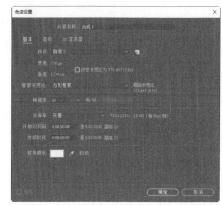

图4-11

▢2 执行"文件"→"导入"→"文件"命令，打开"导入文件"对话框，选择"背景界面.jpg"和"弹窗.png"素材文件，单击"导入"按钮，如图4-12所示，将素材导入项目。

图4-12

▢3 在"项目"窗口中选择两个素材，分别拖曳至"时间轴"面板，图层摆放顺序和"合成"窗口效果如图4-13所示。

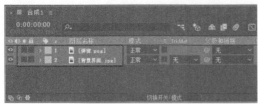

图4-13

04 执行"图层"→"新建"→"纯色"命令，打开"纯色设置"对话框，设置颜色为灰色（R:105,G:105,B:105），新建纯色固态层，如图4-14所示。

图4-14

05 将纯色固态层放置在两个图层中间，并设置固态层的叠加模式为"相乘"，效果如图4-15所示。

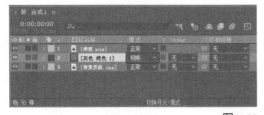

图4-15

图4-15（续）

4.2.4 常用图层类型

After Effects中的可合成元素非常多，这些合成元素体现为各种图层。可以导入图片、序列、音频、视频等素材来作为素材图层，也可以直接创建其他不同类型的图层，如文本层、纯色层、形状图层等。下面详细讲解不同类型的图层。

1. 素材图层

素材图层是将图片、音频、视频等素材从外部导入After Effects中，然后在"项目"窗口中将其拖曳至"时间轴"面板形成的层。除音频素材图层外，其他素材图层都具有5种基本的变换属性，可以在"时间轴"面板中对其"锚点""位置""缩放""旋转""不透明度"等属性进行设置，如图4-16所示。

图4-16

2. 文本层

在After Effects中可以通过新建文本的方式为场景添加文字元素。执行"图层"→"新建"→"文本"命令，即可新建文本层，文本层以输入的文字内容为名称。展开文本层的属性，可以为文本层设置"锚点""位置""缩放""旋转""不透明度"等属性，如图4-17所示，也可以为文本层添加发光、投影、梯度渐变等效果。

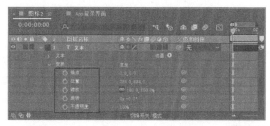

图4-17

3. 纯色层

在After Effects中可以创建任何颜色和尺寸的纯色层。纯色层和其他素材图层一样，可以用来制作蒙版遮罩，也可以修改图层的变换属性，还可以对其应用各种效果。

执行"图层"→"新建"→"纯色"命令或按Ctrl+Y组合键，在打开的"纯色设置"对话框中设置纯色层的各项属性，如图4-18所示，单击"确定"按钮即可新建纯色层。新建的纯色层不仅显示在"项目"窗口的"固态层"文件夹中，还会自动放置在当前"时间轴"窗口中的顶层位置。

图4-18

> 提示
>
> 还可以执行"文件"→"导入"→"纯色"命令，打开"纯色设置"对话框，并在对话框中设置纯色层的名称、大小及颜色。

4. 形状图层

形状图层常用于创建各种图形，其创建方式有两种，一是可以通过执行"图层"→"新建"→"形状图层"命令，二是可以在"图层"面板的空白处右击，在弹出的快捷菜单中选择"新建"→"形状图层"选项。

使用"钢笔工具" 📝 在合成窗口绘制图像的形状，也可以使用"矩形工具" ■、"椭圆工具" ● 和"星形工具" ★ 等形状工具在合成窗口中绘制相应的图像形状；绘制完成后在"时间轴"面板中自动生成形状图层，还可以对刚创建的形状图层进行锚点、位置、缩放、旋转、不透明度等参数的设置，如图4-19所示。

图4-19

4.3 层基础动画属性

"时间轴"面板中，每个层都有相同的属性设置，包括层的"锚点""位置""缩放""旋转""不透明度"。这些常用图层属性是进行动画设置的基础，也是修改素材较常用的属性，它们是掌握UI动效制作的关键所在。

4.3.1 层列表

当创建一个图层时，层列表也相应出现，应用的特效越多，层列表的选项也就越多。图层的大部分属性修改、动画设置，都可以通过层列表中的选项来完成。

层列表具有多重性，有时一个图层的下方有多个层列表，在应用时可以一一展开进行属性的修改。

展开层列表，可以单击图层名称左侧的 ▶ 按钮，当 ▶ 按钮变成 ▼ 状态时，表明层列表被展开；如果单击 ▼ 按钮，当其变成 ▶ 状态时，表明层列表被关闭。图4-20所示为层列表的展开和关闭效果。

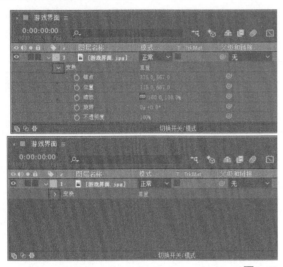

图4-20

4.3.2　锚点

"锚点"主要用来控制素材的旋转中心，即素材的旋转中心点位置，默认的素材锚点一般位于素材的中心位置。在"合成"窗口中，选择素材后，可以看到一个 ◆ 标记，这就是锚点。图4-21所示为锚点改变前后素材的旋转效果。

图4-21

对锚点的修改，可以通过下面3种方法来完成。

● 方法1：使用"向后平移（锚点）工具" ▦ 修改。首先选择当前层，然后单击工具栏中的"向后平移（锚点）工具" ▦ ，将鼠标指针移动到"合成"窗口中，拖动锚点 ◆ 到指定的位置释放鼠标即可，如图4-22所示。

图4-22

● 方法2：拖动修改。单击展开当前层列表，或按A键，将鼠标指针移动到"锚点"右侧的数值上，当鼠标指针变成 ◆ 状时，拖动鼠标，即可修改锚点的位置，如图4-23所示。

图4-23

● 方法3：利用对话框修改。展开列表后，在"锚点"上右击，在弹出的快捷菜单中，选择"编辑值"选项，打开"锚点"对话框，如图4-24所示，在对话框中设置新的数值即可。

图4-24

提示

方法1移动的是锚点的位置，方法2和方法3移动的是图形的位置，不管怎么改变"锚点"数值，锚点仍然在中心位置。

【练习4-2】改变图标锚点位置

源 文 件：第4章\练习4-2

在线视频：第4章\练习4-2 改变图标锚点位置.mp4

制作动效的过程中，难免会使用到"锚点"属性。下面讲解改变图标锚点位置的方法。

01 运行After Effects 2020，执行"文件"→"打开项目"命令，选择"图标.aep"文件，将其打开，此时图标的锚点在中心位置，如图4-25所示。

图4-25

02 选择工具栏中的"向后平移（锚点）工具" ，在"合成"窗口直接向左拖动图标的锚点，移动锚点的位置，如图4-26所示。

图4-26

03 将锚点再次移动到中心位置。在"时间轴"面板选中"鱼子酱"素材图层，按A键展开"锚点"属性，将鼠标指针移动到"锚点"左侧的数值上，拖动鼠标，此时锚点位置没有发生改变，但图标位置发生了变化，如图4-27所示。

图4-27

4.3.3 位置

"位置"用来控制素材在"合成"窗口中的相对位置。在"时间轴"面板或"合成"窗口中选择素材，然后使用"选取工具" ，在"合成"窗口中拖动素材到合适的位置，如图4-28所示。如果按住Shift键和鼠标左键拖动素材，可以将素材沿水平或垂直方向移动。还可以在选择素材后，按方向键来修改位置，每按一次，素材将向相应方向移动1px。如果同时按住方向键和Shift键，素材将向相应方向一次移动10px。

图4-28

【练习4-3】制作移动动画

源 文 件：第4章\练习4-3

在线视频：第4章\练习4-3 制作移动动画.mp4

通过调整"位置"属性的数值可以制作位置移动的动画效果。下面讲解移动动画的制作方法。

01 运行After Effects 2020，执行"文件"→"打开项

目"命令，选择"游戏场景.aep"文件，将其打开，如图
4-29所示。

图4-29

02 在"时间轴"面板选中"刺猬"素材图层，按P键展开
"位置"属性，单击"位置"属性前面的码表 按钮，在
0:00:00:00的位置添加关键帧，如图4-30所示。

图4-30

03 将时间指针调整到0:00:00:03，将鼠标指针移动到"位
置"左侧的数值上，当鼠标指针变成 状（时间指针）
时，向左拖动时间指针，此时在"合成"窗口可以看到刺
猬向左边移动，如图4-31所示。

图4-31

04 将时间指针调整到0:00:00:06的位置，向上拖动"位
置"属性右侧的数值，将刺猬向上移动，如图4-32所示。
移动动画制作完成。

图4-32

4.3.4 缩放

"缩放"属性用来控制素材的大小，可以通过直接拖
动的方法来改变素材的大小，也可以通过修改数值来改变
素材的大小。利用负值的输入，还可以使用"缩放"命令
来翻转。

在"合成"窗口中，使用"选取工具" 选择素材，
可以看到素材上出现8个控制点，拖动控制点就可以完成素
材的缩放。其中，拖动位于4个角的控制点可以同时在水
平、垂直方向上缩放素材，如图4-33所示；拖动水平或垂
直中间的控制点可以拉伸或压缩素材，如图4-34所示。

图4-33

图4-34

4.3.5 旋转

"旋转"属性用来控制素材的旋转角度，依据锚点的位置再使用旋转属性，可以使素材产生相应的旋转变化。

选择工具栏中的"旋转工具"，将鼠标指针移动到"合成"窗口中的素材上并单击素材，可以看到鼠标指针呈状，直接拖动鼠标，将素材旋转，如图4-35所示。

图4-35

【练习4-4】制作图标旋转动画

源 文 件：第4章\练习4-4
在线视频：第4章\练习4-4 制作图标旋转动画.mp4

通过调整"缩放"和"旋转"属性的数值制作图标由小变大的旋转动画。下面讲解图标旋转动画的制作方法。

01 运行After Effects 2020，执行"文件"→"打开项目"命令，选择"图标.aep"文件，将其打开，如图4-36所示。

图4-36

02 在"时间轴"面板选中"图标"素材图层，按S键展开"缩放"属性，向左拖动以调整"缩放"属性的数值，在0:00:00:00的位置添加关键帧，此时"合成"窗口中的图标缩小了，如图4-37所示。

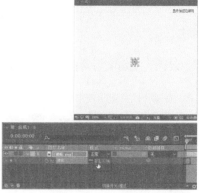

图4-37

03 在0:00:00:09的位置将图标调整到原来的大小，如图4-38所示。

图4-38

04 按住Shift键的同时按R键，展开"旋转"属性，将时间指针调整到0:00:00:00的位置，单击"旋转"属性前面的码表按钮，添加关键帧，如图4-39所示。

图4-39

05 将时间指针调整到0:00:00:09的位置，调整"旋转"属性的数值，如图4-40所示。最终图标旋转效果如图4-41所示。

图4-40

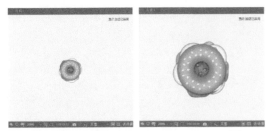

图4-41

4.3.6 不透明度

"不透明度"属性用来控制素材的透明程度。一般来说，除了包含通道的素材具有透明区域，其他素材都以不透明的形式出现。要想让素材变得透明，就要使用"不透明度"属性来修改。

在"时间轴"面板中展开层列表，或按T键，然后单击"不透明度"右侧的数值，激活后直接输入数值来修改素材的不透明度，如图4-42所示。

图4-42

也可以利用对话框修改数值。展开层列表后，在"不透明度"上右击，在弹出的快捷菜单中选择"编辑值"选项，打开"不透明度"对话框，在该对话框中设置新的数值，如图4-43所示。

图4-43

【练习4-5】制作启动界面淡入动画

源　文　件：第4章\练习4-5

在线视频：第4章\练习4-5 制作启动界面淡入动画.mp4

利用"不透明度"属性可以制作界面慢慢出现的效果。下面讲解制作启动界面淡入动画的方法。

01 运行After Effects 2020，执行"文件"→"打开项目"命令，选择"启动界面.aep"文件，将其打开，如图4-44所示。

图4-44

02 选中"启动界面"素材图层，按T键展开"不透明度"属性，将时间指针调整到0:00:00:09的位置，单击"不透明度"属性前面的码表 ⏱ 按钮，添加关键帧，如图4-45所示。

图4-45

03 将时间指针调整到0:00:00:00的位置，修改"不透明度"右侧的数值为0，在该位置自动添加关键帧，如图4-46所示。启动界面淡入动画制作完成，效果如图4-47所示。

图4-46

图4-47

4.4 蒙版与遮罩

本节主要讲解蒙版与遮罩的概念及蒙版与遮罩的操作，了解创建蒙版的工具，学习对蒙版属性的修改。

4.4.1 创建蒙版的工具

蒙版主要用来制作背景的镂空、透明和图像间的平滑过渡等。蒙版有多种形状，在After Effects软件自带的工具栏中，可以利用相关的蒙版工具来创建，如"矩形工具" ■、"椭圆工具" ● 和"钢笔工具" ✐ 等。

1. 矩形工具

"矩形工具" ■ 可以创建任意大小的矩形蒙版，矩形蒙版的创建方法很简单。单击工具栏中的"矩形工具" ■，在"合成"窗口中按住并拖动鼠标即可创建一个矩形蒙版，如图4-48所示。在矩形蒙版中，将显示当前层的图像，矩形以外的部分变得透明。

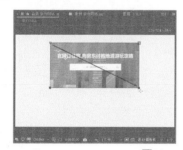

图4-48

 提示

选择创建蒙版的层，然后双击工具栏中的"矩形工具" ■，可以快速创建一个与素材层大小相同的矩形蒙版。在创建矩形蒙版时，如果按住Shift键，可以创建一个正方形蒙版。

2. 椭圆工具

"椭圆工具" ● 可以创建任意大小的圆形或椭圆形蒙版，椭圆形蒙版的创建方法与矩形蒙版的创建方法基本一致。单击"椭圆工具" ●，在"合成"窗口中，按住并拖动鼠标即可创建一个椭圆形蒙版，如图4-49所示。在该区域中，将显示当前层的图像，椭圆形以外的部分将变得透明。

图4-49

3. 钢笔工具

要想创建不规则形状的蒙版，就要用到"钢笔工具" ✐，利用它不但可以创建封闭的蒙版，还可以创建开放的蒙版。"钢笔工具" ✐ 的灵活性更高，可以绘制直线，也可以绘制曲线；可以绘制直角多边形，也可以绘制弯曲的任意形状。

单击工具栏中的"钢笔工具" ✐，在"合成"窗口中单击，创建第1个锚点，然后直接单击可以创建第2个锚点，如果连续单击，则可以创建一条直线的蒙版轮廓。如果按住并拖动鼠标，可以创建一个曲线点，重复多次，可以创建一条曲线。当然，直线和曲线是可以混合应用的。图4-50所示为多次单击创建的不规则蒙版。

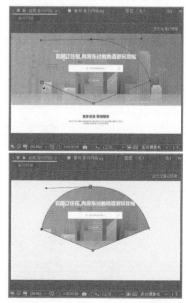

图4-50

如果想要创建开放的蒙版，在创建到需要的程度后，按住Ctrl键的同时在"合成"窗口中单击，即可结束创建。如果想要绘制一个封闭的轮廓，则将鼠标指针移动到开始点的位置，当鼠标指针变成状时，即可将路径封闭。

延伸讲解：形状与蒙版的切换

形状工具不仅可以用来创建蒙版，也可以用来绘制形状，如在"矩形工具"的工具栏中可以选择"工具创建形状" ★ 按钮和"创建工具蒙版" ▨ 按钮，它们可以用来绘制形状和创建蒙版，如图4-51所示。

图4-51

4.4.2 蒙版属性的修改

蒙版的属性主要包括蒙版的混合模式、大小和锁定等，下面来详细讲解这些属性的修改。

1. 蒙版的"模式"选项

绘制蒙版的形状后，在"时间轴"面板中展开该层列表选项，将看到"蒙版"属性，展开该属性，可以看到蒙版的相关参数设置选项，如图4-52所示。

图4-52

其中，在"蒙版1"右侧的下拉列表中，显示了蒙版"模式"选项，如图4-53所示。

图4-53

- 无：选择此模式，路径将不作为蒙版使用，仅作为路径使用。制作动画效果时可以将路径作为辅助工具来使用，如制作路径描边动画等。
- 相加：将当前蒙版区域与其上面的蒙版区域进行相加处理。默认情况下，蒙版使用的是"相加"命令。
- 相减：将当前蒙版区域与其上面的蒙版区域进行相减处理。
- 交集：只显示当前蒙版区域与其上面蒙版区域相交的部分。
- 变亮：对于可视范围区域来讲，此模式与"相加"模式相同，但是对于重叠之处的不透明，则采用不透明度较高的那个值。
- 变暗：对于可视范围区域来讲，此模式与"交集"模式相同，但是对于重叠之处的不透明，则采用不透明度较低的那个值。
- 差值：此模式对可视区域采取的是并集减交集的方式。先将当前蒙版区域与其上面蒙版区域进行并集运算，然后对当前蒙版区域与其上面蒙版区域的相交部分进行减去处理。

2. 修改蒙版的大小

在"时间轴"面板中，展开"蒙版"属性，单击"蒙版路径"右侧的"形状"按钮，可以打开"蒙版形状"对话框，如图4-54所示。

图4-54

在"定界框"选项组中，通过修改"顶部""左侧""右侧"和"底部"选项的参数，可以修改当前蒙版的大小，而通过"单位"下拉菜单，可以为修改值设置一个合适的单位。

通过"形状"选项组，可以修改当前蒙版的形状，也可以将其他形状快速改成矩形或椭圆形。

3. 蒙版的锁定

为了避免在操作中出现失误，可以将蒙版锁定，锁定后的蒙版将不能被修改。在"时间轴"面板中，将"蒙版"属性展开。单击蒙版层左侧的■图标，该图标将变成带有一个锁的效果🔒，表示该蒙版已被锁定，如图4-55所示。

图4-55

【练习4-6】制作文字扫光效果

源 文 件：第4章\练习4-6
在线视频：第4章\练习4-6 制作文字扫光效果.mp4

创建纯色层后利用"钢笔工具"  创建蒙版，再设置图层的轨道遮罩，可以制作扫光效果。下面讲解使用轨道遮罩制作文字扫光效果的方法。

01 运行After Effects 2020，执行"文件"→"打开项目"命令，选择"界面.aep"文件，将其打开，如图4-56所示。

02 执行"图层"→"新建"→"纯色"命令，打开"纯色设置"对话框，设置"颜色"为白色，新建一个白色固态层，如图4-57所示。

图4-56   图4-57

03 选中白色固态层，选择工具栏中的"钢笔工具" ✐，在文字的左边创建蒙版，如图4-58所示。

图4-58

04 按F键展开"蒙版羽化"属性，设置"蒙版羽化"的数值为16.0,16.0，如图4-59所示。

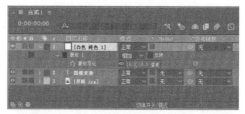

图4-59

05 将时间指针调整到0:00:00:00的位置，按P键展开"位置"属性，将鼠标指针移动到"位置"左侧的数值上，向左拖动鼠标，将蒙版向左移动，然后单击"位置"属性前面的码表🕐按钮，添加关键帧，如图4-60所示。

图4-60

06 将时间指针调整到0:00:00:09的位置，向右拖动"位置"左侧的数值，将蒙版移动到文字右边，系统会自动在该位置添加关键帧，如图4-61所示。

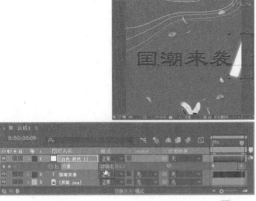

图4-61

07 将白色固态层拖动到文字层下面，设置白色固态层的"轨道遮罩"为"Alpha"，如图4-62所示；此时文字被隐藏，如图4-63所示。

图4-62

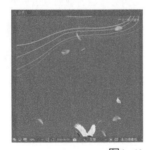

图4-63

08 选中文字图层，按Ctrl+D组合键复制出另一个新的文字图层并拖动到白色固态层下面，显示该图层，如图4-64所示。文字扫光效果制作完成，如图4-65所示。

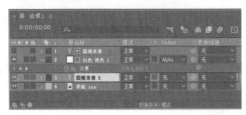

图4-64

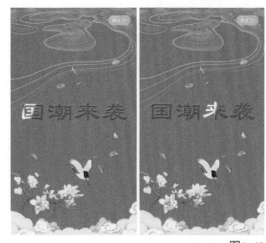

图4-65

4.5 关键帧和表达式

关键帧动画是After Effects中较为基础的动画，它主要通过对"位置""缩放""旋转""不透明度"这4项设置关键帧，制作动画效果。

4.5.1 添加关键帧

在After Effects中，基本上每一个特效或属性都对应一个码表。要想添加关键帧，可以单击该属性左侧的码表，将其激活，这样在"时间轴"面板中的当前时间位置将添加一个关键帧；取消码表的激活状态，将取消该属性所有的关键帧。

展开层列表，单击某个属性左侧的码表 ⬤ 按钮，将其激活，这样就添加了一个关键帧，如图4-66所示。

图4-66

如果码表已经处于激活状态，即表示该属性已经添加了关键帧。可以通过两种方法再次添加关键帧，但不能再使用码表来添加关键帧，因为再次单击码表将取消码表的激活状态，这样就自动取消了所有关键帧。

- 方法1：通过修改数值。当码表处于激活状态时，说明已经添加了关键帧，此时要添加其他的关键帧，将时间指针调整到需要的位置，然后修改该属性的值，即可在当前时间位置添加一个关键帧。
- 方法2：通过添加关键帧按钮。将时间指针调整到需要的位置后，单击该属性左侧的"在当前时间添加或移除关键帧" ■ 按钮，可以在当前时间位置添加一个关键帧，如图4-67所示。

图4-67

提示

使用方法2添加关键帧时，可以只添加关键帧，而保持属性的参数不变；当使用方法1添加关键帧时，不但添加了关键帧，还修改了该属性的参数。方法2添加的关键帧，有时被称为"延时帧"或"保持帧"。

4.5.2 查看关键帧

在添加关键帧后，该属性的左侧将出现关键帧导航按钮，通过关键帧导航按钮，可以快速地查看关键帧，如图4-68所示。 ◀ 按钮表示"转到上一个关键帧"； ▶ 按钮表示"转到下一个关键帧"； ◆ 按钮表示当前没有关键帧，单击该按钮可以添加一个关键帧； ◆ 按钮表示当前存在关键帧，单击该按钮可以删除当前选择的关键帧。

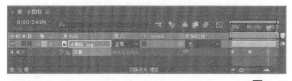

图4-68

延伸讲解：调整时间导航器和工作区

在"时间轴"面板中可以调整时间导航器和工作区，如图4-69所示。将鼠标指针移动到时间导航器或工作区结尾或开始的位置并直接拖动可以调整它们的长度，也可以移动缩短后的时间导航器和工作区。

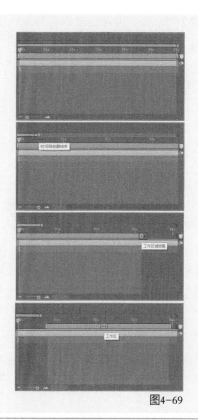

图4-69

4.5.3 编辑关键帧

添加关键帧后，有时还需要对关键帧进行修改，这时就需要重新编辑关键帧。关键帧的编辑包括选择关键帧、移动关键帧、删除关键帧。

1. 选择关键帧

在"时间轴"面板中，直接单击关键帧图标，关键帧将显示为蓝色，表示已经选择关键帧，如图4-70所示。

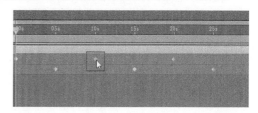

图4-70

在关键帧空白位置处，拖出一个矩形，在矩形框内的关键帧将被选择，如图4-71所示。

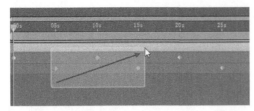

图4-71

2. 移动关键帧

关键帧可以随意地移动，以更好地控制动画效果。可以移动单个关键帧，也可以同时移动多个关键帧，还可以将多个关键帧的距离拉长或缩短。

选择关键帧后，按住并拖动鼠标关键帧到需要的位置，这样就可以移动关键帧，如图4-72所示。

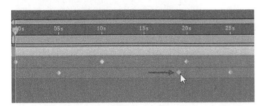

图4-72

选择多个关键帧后，按住Alt键的同时按住鼠标左键，向右拖动可以拉长关键帧距离，向左拖动可以缩短关键帧距离，如图4-73所示。这种距离的改变，只是改变所有关键帧的总距离，关键帧距离不变。

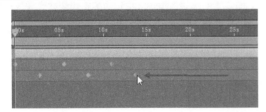

图4-73

3. 删除关键帧

如果在操作时出现失误，添加了多余的关键帧，可以将不需要的关键帧删除，删除的方法有以下3种。

● 方法1：使用Delete键删除。选择不需要的关键帧，按Delete键，即可将选择的关键帧删除。

● 方法2：通过菜单命令删除。选择不需要的关键帧，执行菜单栏中的"编辑"→"清除"命令，即可将选择的关键帧删除。

● 方法3：利用按钮删除。将时间指针调整到要删除的关键帧位置，可以看到该属性左侧的"在当前时间添加或移除关键帧" ◆ 按钮呈蓝色的激活状态，单击该按钮，即可将当前时间位置的关键帧删除。这种方法一次只能删除一个关键帧。

【练习4-7】制作图标大小变化的动画

源 文 件：第4章\练习4-7

在线视频：第4章\练习4-7 制作图标大小变化的动画.mp4

利用"缩放"属性的数值调整并添加关键帧可以制作图标大小变化的动画效果。下面讲解制作图标大小变化的动画的方法。

01 运行After Effects 2020，执行"文件"→"打开项目"命令，选择"界面.aep"文件，将其打开，如图4-74所示。

图4-74

02 选中"茄子"素材图层，按S键展开"缩放"属性，单击"缩放"属性前面的码表 ◎ 按钮，添加关键帧，如图4-75所示。

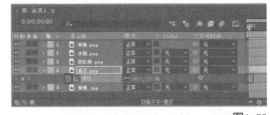

图4-75

03 将时间指针调整到0:00:00:05的位置，将鼠标指针移动到"缩放"数值上，向右拖动鼠标，将"合成"窗口中的茄子图片放大，如图4-76所示。

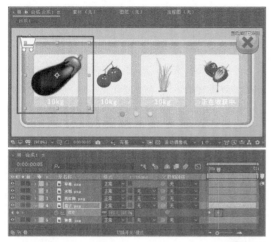

图4-76

04 使用步骤02的方法为其他素材图层添加关键帧，如图4-77所示。

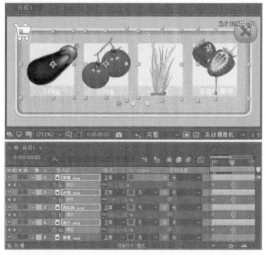

图4-77

05 选中"西红柿"素材图层的所有关键帧，向右拖动，如图4-78所示。继续选中其他素材图层，依次向右拖动，如图4-79所示。

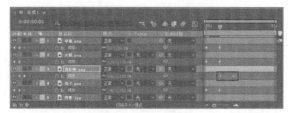

图4-78

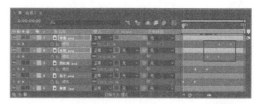

图4-79

06 选中所有的关键帧，按住Alt键的同时向左拖动关键帧，缩短关键帧距离，如图4-80所示。这样图标大小变化的动画就制作完成了，效果如图4-81所示。

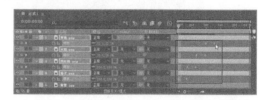

图4-80

图4-81

4.5.4 关键帧辅助

选中多个关键帧并右击，在弹出的快捷菜单中选择"关键帧辅助"选项，在该选项下还可以选择"时间反向关键帧""缓入""缓出""缓动"这几个选项，如图4-82所示。选择"缓动"选项后，关键帧的显示效果如图4-83所示。

图4-82

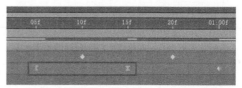

图4-83

在After Effects中，可以对素材进行变速操作。执行"图层"→"时间"→"时间反向图层"命令，可以对素材进行回放操作。执行"图层"→"时间"→"时间伸缩"命令，可以打开"时间伸缩"对话框，对素材进行均匀变速操作，如图4-84所示。

图4-84

4.5.5　图表编辑器

使用图表编辑器可以精确调整关键帧动画的出入方式。选择图层中应用了关键帧的属性，单击"时间轴"中的"图表编辑器" 按钮，打开图表编辑器，如图4-85所示。

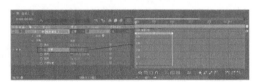

图4-85

- ：单击该按钮可以选择需要显示的属性和曲线。
- ：单击该按钮，可以浏览指定的动画曲线类型的各个菜单选项和是否显示其他附加信息的各个菜单选项。
- ：激活该按钮后，在选择多个关键帧时可以形成一个编辑框。
- ：激活该按钮后，可以在编辑时使关键帧与出入点、标记、当前鼠标指针及其他关键帧进行自动吸附对齐等操作。
- ／／：调整图表编辑器的视图工具，依次为"自动缩放图表高度""使选择适于查看"和

"使所有图表适于查看"。

- ：单独维度按钮，在调节"位置"属性的动画曲线时，单击该按钮可以分别调节位置属性各个维度的动画曲线，这样就能获得更加自然、平滑的位移动画效果。
- ：从其下拉列表中选择相应的选项可以编辑选择的关键帧。
- ／／：关键帧插值方式设置按钮，依次为"将选择的关键帧转换为定格""将选择的关键帧转换为线性"和"将选择的关键帧转换为自动贝塞尔曲线"。
- ／／：关键帧助手设置按钮，依次为"缓动""缓入"和"缓出"。单击"缓动" 按钮后，被选中的两个关键帧显示为曲线，如图4-86所示。

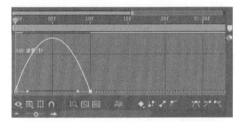

图4-86

【练习4-8】制作图标缓动效果

源　文　件：第4章\练习4-8
在线视频：第4章\练习4-8 制作图标缓动效果.mp4

利用关键帧缓动和图表编辑器可以使图标从匀速运动变为加速运动。下面讲解制作图标缓动效果的方法。

01 运行After Effects 2020，执行"文件"→"打开项目"命令，选择"图标.aep"文件，将其打开，如图4-87所示。

图4-87

02 选中"图标"素材图层，按P键展开"位置"属性，单击"位置"属性前面的码表 ⊙ 按钮，在0:00:00:00的位置添加关键帧。

03 将时间指针调整到0:00:00:15的位置，将鼠标指针移动到"位置"左侧的数值上，向右拖动鼠标，系统自动在该位置添加关键帧，如图4-88所示。此时在"合成"窗口可以看到图标移动至画布右边，如图4-89所示。

图4-88

图4-89

04 选中所有关键帧并右击，在弹出的快捷菜单中选择"关键帧辅助"→"缓动"选项，如图4-90所示。

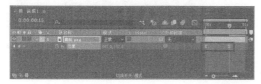

图4-90

05 单击"时间轴"面板中的"图表编辑器" ▦ 按钮，打开图表编辑器，调整曲线右侧的手柄，如图4-91所示。

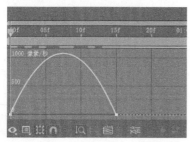

图4-91

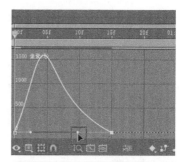

图4-91（续）

06 调整完曲线后，图标会由匀速运动变为加速运动，运动效果如图4-92所示。

图4-92

4.5.6 基本表达式

表达式的应用非常广泛，其强大之处是可以为不同的属性建立链接关系，这为动效制作提供了非常大的运用空间，大大提高了工作效率。

使用表达式可以为不同的图层属性创建某种关联关系。表达式的输入完全可以在"时间轴"面板中独立完成，也可以使用表达式关联器为不同的图层属性创建关联表达式，当然也可以在表达式输入框中修改表达式，如图4-93所示。

图4-93

● ▦：该按钮为表达式开关，▦表示表达式处于开启状态，▦表示表达式处于关闭状态。

- ▦：该按钮表示是否在曲线编辑模式下显示表达式动画曲线。
- ◎：表达式关联器。
- ▶：表达式语言菜单，可以在其中查找到一些常用的表达式命令。

延伸讲解：设置关联图层

当移动一个图层时，如果要使其他的图层也跟随该图层发生相应的变化，可以将该图层设置为父图层，如图4-94所示。当为父图层设置图层属性时，子图层也会随着父图层产生相应变化。父图层的图层属性会导致所有子图层发生联动变化，但是子图层的图层属性不会对父图层产生任何影响。

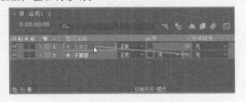

图4-94

【练习4-9】齿轮转动效果

源　文　件：第4章\练习4-9

在线视频：第4章\练习4-9 齿轮转动效果.mp4

利用"旋转"属性，并使用图层关联功能，制作两个齿轮一起转动的效果。下面讲解制作齿轮转动效果的方法。

01 运行After Effects 2020，执行"文件"→"打开项目"命令，选择"齿轮.aep"文件，将其打开，如图4-95所示。

图4-95

02 选中"蓝色齿轮"素材图层，按R键展开"旋转"属性，单击"旋转"属性前面的码表 ◎ 按钮，在0:00:00:00的位置添加关键帧。

03 将时间指针调整到0:00:00:05的位置，调整"旋转"属性的参数值，如图4-96所示。这样就完成了蓝色齿轮旋转的效果。

图4-96

04 选中"灰色齿轮"素材图层，按R键展开"旋转"属性，按住Alt键的同时单击"旋转"属性前面的码表 ◎ 按钮，展开"表达式：旋转"，如图4-97所示。

图4-97

05 将"表达式：旋转"右侧的 ◎ 按钮拖动到"蓝色齿轮"素材图层的"旋转"属性上，如图4-98所示。

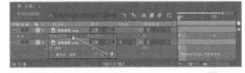

图4-98

06 在"时间轴"面板可以查看表达式，如图4-99所示。此时"合成"窗口中的灰色齿轮跟随蓝色齿轮一起转动，如图4-100所示。

图4-99

图4-100

4.6 实战：制作表情按钮动效

源 文 件：第4章\4.6

在线视频：第4章\4.6 实战：制作表情按钮动效.mp4

本实战讲解制作表情按钮动效的方法。本实战中的动效在设计过程中主要突出表情动效的特点，通过在"位置"和"缩放"属性设置关键帧，制作表情左右移动和表情变化的动画效果。

1. 绘制按钮

01 运行After Effects 2020，进入其操作界面。执行"合成"→"新建合成"命令，新建一个700px×500px的合成，如图4-101所示。

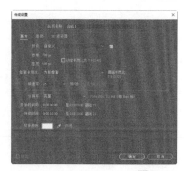

图4-101

02 按Ctrl+Y组合键，打开"纯色设置"对话框，设置"颜色"为洋红色（R:245,G:92,B:161），新建一个纯色固态层，如图4-102所示。

图4-102

03 使用"圆角矩形工具"█绘制白色填充无描边的圆角矩形，如图4-103所示。该圆角矩形生成为"形状图层1"。

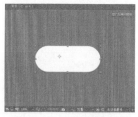

图4-103

04 使用"向后平移（锚点）工具"█调整该图形的中心点，如图4-104所示。

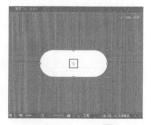

图4-104

05 使用"椭圆工具"█在圆角矩形左部绘制圆形，如图4-105所示。该圆形生成为"形状图层2"，调整圆形中心点位置。

06 执行"窗口"→"对齐"命令，打开"对齐"面板，同时选中圆角矩形和圆形，单击"对齐"面板中的"垂直对齐"█按钮，对齐两个图形，如图4-106所示。

图4-105

图4-106

07 将圆形的颜色修改为洋红色（R:245,G:92,B:161），如图4-107所示。

图4-107

2. 添加关键帧

01 选中"形状图层2",按P键展开"位置",单击"位置"前面的码表 ⏱ 按钮,在0:00:00:00的位置添加关键帧,如图4-108所示。

图4-108

02 将时间指针调整到0:00:00:20的位置,然后将圆形移动到右部,系统会自动设置关键帧,如图4-109所示。

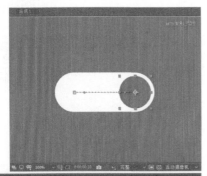

图4-109

03 按住Shift键的同时再按S键展开"缩放",在0:00:00:20的位置添加关键帧,数值不变,如图4-110所示。

图4-110

04 将时间指针调到0:00:00:10的位置,单击"约束比例" ⬭ 按钮,不再约束比例,调整"缩放"的数值为83.0,如图4-111所示。

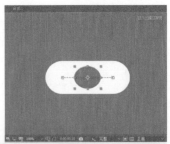

图4-111

05 将时间指针调整到0:00:00:00的位置,调整"缩放"数值为100.0,如图4-112所示。

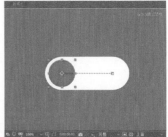

图4-112

06 选中所有的关键帧,按住Alt键的同时向里拖动关键帧,缩短关键帧距离,然后按F9键,设置关键帧缓动,使运动效果变得柔缓一些,如图4-113所示。

图4-113

07 选中上方的两个关键帧,单击"图表编辑器" ▦ 按钮,调整运动曲线,将匀速运动调整为加速运动,如图4-114所示。

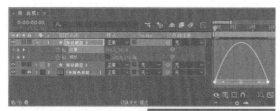

图4-114

08 右击"形状图层2",在弹出的快捷菜单中选择"图层样式"→"颜色叠加"选项,为圆形添加图层样式,此时圆形为红色,如图4-115所示。

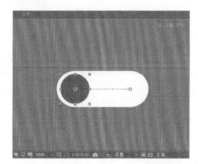

图4-115

09 展开"图层样式"中的"颜色叠加",将颜色设置为洋红色(R:245,G:92,B:161),如图4-116所示。

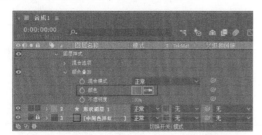

图4-116

10 单击"颜色"左侧的码表 按钮,在0:00:00:00的位置添加关键帧,如图4-117所示。

图4-117

11 在0:00:00:10的位置再次添加关键帧,在0:00:00:14的位置修改颜色为黑色,如图4-118所示。

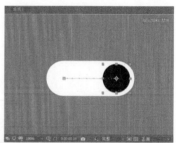

图4-118

3. 制作表情动效

01 将时间指针调整到0:00:00:00的位置,使用"椭圆工具" 绘制白色圆形,按Ctrl+D组合键,复制圆形,调整两个圆形的位置,绘制眼睛,如图4-119所示。这两个圆形分别生成为"形状图层3"和"形状图层4"。

02 在眼睛下方绘制椭圆形,如图4-120所示,该椭圆形生成为"形状图层5"。

图4-119   图4-120

提示

注意，绘制完圆形和椭圆形后都需要调整中心点。

03 选中"形状图层5"，使用"矩形工具"■在椭圆形下半部分创建矩形蒙版，如图4-121所示。

04 选中"形状图层3""形状图层4""形状图层5"，将"父级关联器"◎拖动到"形状图层2"中，如图4-122所示，这样可以让这些图层中的图形都跟着圆形一起运动。

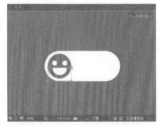

图4-121

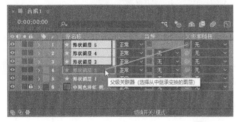

图4-122

05 继续选中上面步骤的3个图层，按S键展开"缩放"，按住Alt键的同时单击"缩放"前面的码表◎按钮，展开"表达式：缩放"，如图4-123所示。

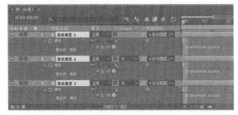

图4-123

06 展开"形状图层2"的"缩放"，将选中图层缩放表达式中的"父级关联器"◎拖动到"形状图层2"的"缩放"中，如图4-124所示，这样可以让这些图层中的图形都跟着圆形一起缩放。

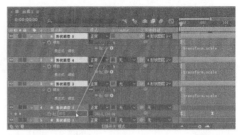

图4-124

07 设置完成后，可以查看"时间轴"中的表达式和运动效果，如图4-125所示。

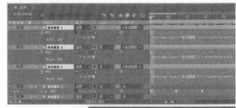

图4-125

08 选中"形状图层5"，按M键展开"蒙版路径"，在0:00:00:00和0:00:00:10的位置添加关键帧，蒙版位置保持不变，然后在0:00:00:14的位置向上移动蒙版，如图4-126所示。

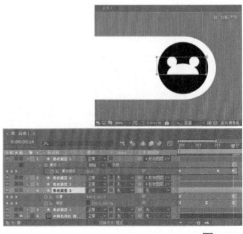

图4-126

092

09 按住Shift键的同时按P键，展开"位置"，在"蒙版路径"同样的位置添加关键帧，前两个关键帧位置处图形保持不变，最后一个关键帧处向下移动图形，如图4-127所示。

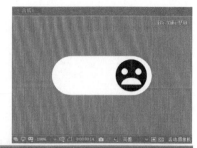

图4-127

10 选中所有的关键帧，将时间指针调整到0:00:01:00的位置，先按Ctrl+C组合键，再按Ctrl+V组合键，复制所有关键帧，如图4-128所示。

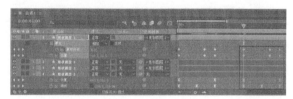

图4-128

11 选中所有复制的关键帧并右击，在弹出的快捷菜单中选择"关键帧辅助"→"时间反向关键帧"选项，让表情循环移动，如图4-129所示。

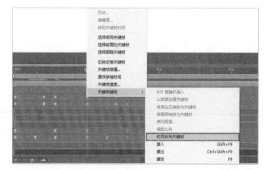

图4-129

12 表情按钮动效制作完成。导入"背景.png"素材并将其创建为新的合成，隐藏纯色固态层，将按钮应用在新的合成界面中，效果如图4-130所示。

图4-130

4.7 习题：制作加载动效

源 文 件：第4章\4.7

在线视频：第4章\4.7 习题：制作加载动效.mp4

本习题主要练习制作加载动效。App设计中很多地方会用到加载动效，如全屏显示需要加载等待，下拉刷新也需要加载等待。创意十足的加载动效会给人耳目一新的感觉，有助于减弱用户等待时的焦躁感，如图4-131所示。

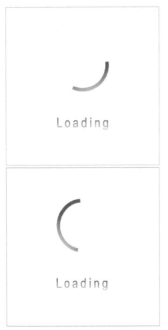

图4-131

本习题主要练习制作弹出按钮动画。融球效果的弹出按钮可以节省按钮的摆放空间，还可以增加动效的趣味性，如图4-132所示。

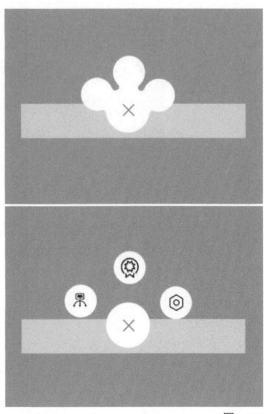

图4-132

4.8 习题：弹出按钮动画

源 文 件：第4章\4.8
在线视频：第4章\4.8 习题：弹出按钮动画.mp4

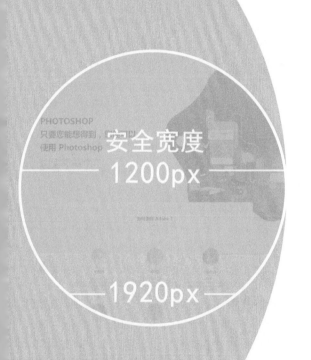

第 5 章

UI的设计规范

　　前文已经介绍了UI设计用到的软件工具，本章便介绍在不同平台上进行UI设计时需要了解的基本规范。了解设计规范就能在设计前期避免一些不必要的错误，有效地提高工作效率。

5.1 网页界面设计

网页界面设计不同于一般的平面设计，其拥有自身的设计特征。目前网页界面传达的信息主要是视觉信息，因此从设计类型上来看，网页界面设计属于视觉传达的领域，故而网页界面设计的主要视觉元素和设计指导原则都要遵循视觉传达的规律。

5.1.1 了解网页界面

虽然现在几乎人人都使用手机，但大部分人在工作时仍然需要用到电脑，因此面向电脑端的网页设计仍然是UI设计中非常重要的组成部分。网页注重的是排版布局和视觉效果，最终给每位用户提供一种布局合理、视觉效果强、功能强大并且实用、方便的界面。图5-1所示为设计精美的网页界面。

图5-1

网页界面设计不单单是把各种信息简单地堆叠起来，使其能看或能够表达清楚就行，还要考虑通过各种设计手段和技术技巧，让浏览者能够更多、更有效地接受网页中的各种信息，从而对网页有深刻的印象。

在进行网页界面设计之前需要先了解其常用的尺寸，在不同尺寸的显示器上呈现网页时会有不同的效果。目前大部分用户都是使用1920px×1080px和1440px×900px分辨率的显示器。如果以1920px×1080px的显示器作为设计对象，那么其网页界面的安全区域为1200px×800px，如图5-2所示，即在任何显示器上都能完整显示的区域。也就是说，只要保证网页的内容显示区域控制在这个范围内，就能保证整个页面在不同尺寸的显示器上都能完整显示出所有内容。

图5-2

5.1.2 网页界面的设计原则

UI设计即用户界面设计，用户界面设计是指软件的人机交互、操作逻辑、界面美观的整体设计。好的界面设计不仅让网页变得有个性、有品位，还能让整个网站的操作变得简单、舒适，且充分体现整个网站的定位和特征。在设计网页界面时，应遵循以下几个原则。

1.清晰

清晰是网页界面设计重要的原则之一，清晰的网页界面可以让用户有效地使用网站，快速找到网页的用途，知道网页能产生什么样的交互并解决什么样的问题。清晰意味着能准确表达出信息内容，有助于防止用户出错，清楚地呈现出重要信息并提供良好的用户体验，如图5-3所示。

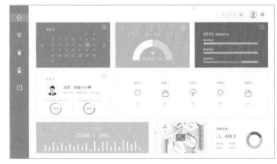

图5-3

2.以用户为中心

在网页界面设计中，设计师必须站在用户的立场和角度来考虑整体设计。用户是产品的体验者，所以在做设计时，要遵循以用户为中心的原则。用户不会花费太多时间浏览同一个网页，只要找到自己需要的信息，就会跳转到另一个页面寻找下一个信息，而且用户之间的差别也很大，他们的操作习惯和能力各有不同，设计师并不能满足所有用户的需求，所以网页界面的内容要尽量简洁，如图5-4所示。当然，在精简设计的同时也要了解大部分用户的需求和操作习惯。

图5-4

3.操作简单

操作简单也是网页设计的基本原则，在使用某网站时，要让用户觉得自己是在控制它，而不是感觉被它控制，所以在设计网页界面时，需要切记其可操作性。复杂的网页操作会让用户感觉很费力，如图5-5所示。

图5-5

4.结构统一

统一的结构设计可以让用户对网站的形象有深刻记忆。在同一个网站的不同页面，样式统一的导航，可以让用户迅速而有效地进入其他网页；一致的界面操作，可以让用户快速学会使用整个网站的所有功能。如果破坏这一

原则，那么会误导用户对网站的认知，并且让网页显得杂乱无章，给人留下不好的印象。当然，网页设计的统一性并不意味着一成不变，有的网页在不同栏目使用不同的风格，或者随着时间的推移不断更新网站的版本，这样也会给用户带来新鲜的感觉。图5-6所示为同一网站的不同页面。

图5-6

5.布局合理

在进行网页界面设计时，要保证页面的布局合理，主要体现在栏目与栏目、色块与色块、图片与文字之间的协调搭配。

网页布局需要把重要的信息放置在中心位置，如导航、标题等，也可以将其设计得较为醒目，让用户一眼就能看到，关键的时候给用户一个指引的提示。如图5-7所示，主次分明的界面设计不仅可以合理规划网页内容，还可以增强用户体验。

图5-7

5.1.3　网页界面的构成元素

在设计网页界面之前，应先了解构成网页的基本元素。网页界面主要由文本、图像、导航和按钮组成。文本和图像是网页界面上使用较为广泛的元素，内容丰富的网页界面一般都会使用大量文本和图像，再在必要的地方放置指导性的导航和按钮，以构成较为完整的网页界面。

1.文本

文本是主要的信息载体与交流工具，网页中的信息也以文本为主。不同的浏览器，会有不同的默认字体，通常为宋体或黑体。正文的字体大小一般为10~18px，标题文字的字体大小常为18px、20px、24px、28px或32px。

图5-8所示为两款拥有大段文字的网页界面，从图片中可以看出，只要设计得当，文字也可以充满设计感。

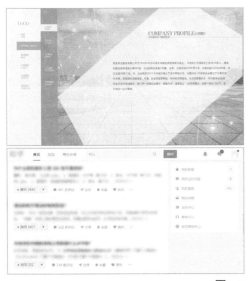

图5-8

2.图像

图像的视觉效果比文字的视觉效果强得多。灵活应用图像可以在网页中起到修饰作用，但使用不当会使网页变得混乱。网页上的图像主要是JPEG和GIF格式，它们不仅有高压缩比，而且还具有跨平台特性，无论使用哪种操作系统的浏览器，都可以显示这两种格式的图片。图5-9所示为以图片为主的网页设计。

图5-9

3.导航

导航对一个网页来说，起着重要的引导作用。一个优秀的导航可以让用户快速找到所需要的内容，清楚整个网站的结构框架。

网页界面通常会使用顶部导航和侧边栏导航。顶部导航被广泛应用在各个领域的网站当中，这类导航的设计形式保守但目的性强，可以节省用户的浏览时间，如图5-10所示。但当首页内容过多时，用户浏览到网页的底部，还需要滚动到顶部再去切换导航内容，所以越来越多的网页会将导航固定在顶部的位置，即使向下滑动网页也不会消失，固定的顶部导航可以让用户随时切换网页。

图5-10

侧边栏导航的设计形式比较多样化，需要注意的是侧边栏导航的宽度。过宽的侧边栏导航会影响整个网页页面的宽度，该导航不适合结构复杂的网站，比较适用于设计网站或个人网站。在设计侧边栏导航时，可以以滑动的方式展现其内容，这样不仅可以节省整个页面的空间，而且还会让网页界面更加简洁，如图5-11所示。

图5-11

4.按钮

网页界面的常用按钮有色块按钮、透明按钮和文字按钮等。目前许多网页不再设计复杂的颜色、样式和纹理，而是会设计透明按钮，以线框显示轮廓，按钮内部用文字描述功能，且与整个页面背景合二为一，做成透明的效果，如图5-12所示。透明按钮的设计特色是"薄"和"透"，不加底色、不加纹理，仅有一层薄薄的线框标明边界，确保了它作为按钮的功能性，又具有"纤薄"的视觉美感。

图5-12

5.2 iOS手机界面设计

设计一款成功的iOS应用，很大程度上依赖于其用户界面的成功。在设计界面时要有一条指导性的原则，那就是

站在用户角度考虑问题。一款优秀的iOS应用与它所依赖的平台紧密贴合，并无缝整合设备和平台的特性，从而提供优秀的用户体验。

5.2.1 iOS操作系统概述

iOS操作系统是iPad、iPhone和iPod Touch等苹果手持设备的操作系统，iOS操作系统的操作界面美观且简单易用，受到广大用户的喜爱，如图5-13所示。

图5-13

5.2.2 iOS手机界面主要设计元素

安装iOS操作系统的手机（简称iOS手机）各机型的开发尺寸，如图5-14所示。安装iOS操作系统的手机界面（简称iOS手机界面）由非常多的元素构成，每个元素都有

不同的外观和尺寸，并且承载着不同的功能，而这些大量的可以直接使用的视图和控件，帮助开发者快速创建界面。

图5-14

下面以828px×1792px界面尺寸为例，介绍iOS手机的主要界面内容。

1.主界面

iOS手机的主界面由状态栏、内容区域和任务栏组成，如图5-15所示。主界面底部的任务栏是iOS操作系统自带的一个任务显示及切换的快捷窗口，该区域也称为"Dock栏"。状态栏和任务栏中间的区域为内容区域，用来放置系统软件和用户自行下载的应用软件。

图5-15

iOS手机界面的状态栏位于手机屏幕顶部，其标准尺寸为828px×88px，如图5-16所示。状态栏的作用是展示设备的基本系统信息，如当前事件、时间和电池状态及其他信息。视觉上，状态栏是和导航栏相连的，都使用一样的背景填充。

图5-16

为配合应用软件的风格并保证其可读性，状态栏有两种不同的风格，分别为暗色（黑）和亮色（白），暗色状态栏如图5-17所示。

图5-17

2.导航栏

iOS手机界面的导航栏位于屏幕上方，状态栏下方，其标准尺寸为828px×88px，如图5-18所示。导航栏用于在层级结构的信息中导航，也可以用来管理屏幕信息。中间显示当前界面的标题，左侧放置后退按钮。

图5-18

3.标签栏

标签栏位于界面底部，可以理解为全局导航，实现快速切换功能。在手机上，标签栏不超过5个页签，默认情况下为轻微半透明效果，其标准尺寸为828px×167px，如图5-19所示。

图5-19

提示

iOS手机界面的底部只有一个home键，没有其他虚拟按钮，所以一般标签栏在底部显示。而安装Android操作系统的手机界面（简称Android手机界面）由于底部操作按钮过多，导致界面底部不适合再加入过多的交互，因此以前的Android手机界面设计标签栏都是在界面上方，而且搜索一般用图标显示而非搜索栏。

5.2.3　iOS手机界面设计规范

了解了iOS手机界面的主要内容后，还需要对界面设计的规范有足够的认识，才能进一步做个性化设计。下面介绍iOS手机界面的设计规范。

1.界面文字

iOS手机界面使用的字体为"苹方 中黑体"。每个区域的字体大小都不相同，导航栏标题的字体大小为32~36px，标题文字字体大小为30~32px，内容区域文字字体大小为24~28px，辅助性文字字体大小为20~24px，这是较为常见的字体大小规范。在进行UI设计的时候需要根据实际情况来制定文字大小。

2.图标

图标可分为系统图标和应用图标，系统图标的常见尺寸为12px×12px、14px×14px、16px×16px、18px×18px、24px×24px、32px×32px，而应用图标的常见尺寸为32px×32px、48px×48px、64px×64px。系统图标本身不带有功能性的操作，只是辅助配合其应用定位的一个抽象化图形。应用图标在设计的细节上更为丰富，使用的尺寸也比较大。

iOS手机界面的图标统一在1024px×1024px的画板中进行制作，在界面中使用的时候进行等比缩放即可，如图5-20所示。在设计不同形状的图标内容时，如正方形、矩形、圆形，需要进行一些调整才能达到视觉的平衡，如图5-21所示。

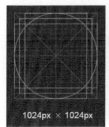
图5-20

图5-21

3.图标间距

在UI中，图标与图标之间需要遵循邻近性原则，图标间距会影响用户的视觉感知。距离较近的图标，在视觉上可以分为同一组，而那些距离较远的图标则自动划分到组外，距离越相近，关系越紧密，如图5-22所示。

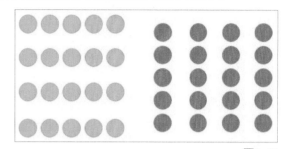
图5-22

在轻芒阅读App的主界面中，每一个应用的名称都远离其他图标，与对应图标的距离较近，保持亲密的关系，让主界面变得更加直观，如果应用名称与上下图标距离相同，就无法分辨它是属于上面还是下面，从而让用户产生错乱的感觉，如图5-23所示。

图5-23

4.全局边距

全局边距是指页面内容到屏幕边缘的距离，整个应用的界面都应该以此来进行规范，以达到页面整体视觉效果的统一。全局边距的设置可以更好地引导用户阅读。在实际应用中应该根据不同的产品气质采用不同的边距，让边距成为界面的一种设计语言，常用的全局边距有30px、32px、40px、42px等。当然除了这些还有更大或者更小的边距，但前文所述的这些是最常用的，而且有一个特点就是数值全是偶数。

iOS手机界面中的"设置"和"通用"的界面的边距为40px，如图5-24所示，"微信"和"支付宝"主界面的边距分别为32px和26px，如图5-25所示。

40px   40px 40px   40px

图5-24

距会引起用户的紧张情绪，使用最多的间距是20px、24px、30px和40px；当然间距也不宜过大，过大的间距会使界面变得松散；间距的颜色设置可以与分割线一致，也可以更浅一些。

在iOS手机界面的"设置"界面中，由于其不需要承载太多的信息，因此采用了较大的70px作为卡片间距，有利于减轻用户的阅读负担，而"通知中心"承载了大量的信息，过大的间距会让浏览变得不连贯，也会导致界面视觉松散，因此采用了较小的16px作为卡片的间距，如图5-26所示。

32px   32px 26px   26px

图5-25

16px

图5-26

提示

卡片间距的设置是灵活多变的，一定要根据产品的实际需求去设置。

通常左右边距最小为20px，这样的距离可以展示更多的内容，如果边距太小会使界面内容过于拥挤，给浏览的用户带来视觉负担。40px是大多数应用的首选边距，是相对较为舒服的距离。

5.卡片间距

在移动端界面设计中，卡片式布局是非常常见的布局方式。卡片和卡片之间距离的设置需要根据界面的风格及卡片承载信息的多少来界定，通常不小于16px，过小的间

6.界面图片比例

在UI设计中，对于图片的尺寸和比例没有严格的规范，设计师往往凭借经验和感觉设置一个看起来不错的尺寸，但事实上图片的尺寸是有章可循的。运用科学的手段设置图片的尺寸，可以获得较优的方案，常见的图片尺寸比例有16：9、4：3、3：2、2：1和1：0.618（黄金比例）等，如图5-27所示，这些比例都和图片尺寸有关。其

中16：9是根据人体工程学的研究，发现人眼的视野范围是一个长宽比例为16：9的长方形，4：3则源于"勾三股四弦五"的勾股定理，在摄影中非常常见。

图5-27

5.3 Android手机界面设计

与iOS手机界面不同，Android手机界面没有统一的尺寸，界面样式众多且较为开放，而iOS手机界面设计则是严格封闭式的。本节介绍Android手机界面设计的基础知识。

5.3.1 Android操作系统概述

随着Android操作系统的迅猛发展，它已经成为全球范围内具有广泛影响力的操作系统。Android操作系统已经不仅仅是一款手机的操作系统，还广泛地应用于平板电脑、可穿戴设备、电视机、数码相机等设备，如图5-28所示。

图5-28

5.3.2 Android手机界面设计元素

运行Android操作系统的手机（简称Android手机）种类非常多，其界面的标准尺寸为720px×1280px，如图5-29所示。因为Android市场没有严格的生产规范，所以界面尺寸比较多，如1080px×1920px、854px×480px、965px×540px等，在所有界面尺寸中，720px×1280px和1176px×2400px是使用率较高的尺寸。

720px

1280px

图5-29

下面以1176px×2400px的界面尺寸为例，介绍Android手机界面设计元素。

1.主界面

Android的主界面由状态栏、时间和天气区域、内容区域，以及任务栏组成，如图5-30所示。

状态栏

时间和天气区域

内容区域

任务栏

图5-30

Android手机界面的状态栏位于手机屏幕顶部，其标准尺寸为1176px×80px，如图5-31所示。Android手机界面状态栏的左侧会显示各种新通知的应用图标，所以内容看上去会比较丰富，如图5-32所示。

图5-31

图5-32

2.导航栏

常规的Android手机界面设计会将导航栏放置在界面上方，如图5-33所示。Android手机界面的导航栏一般会采用1176px×168px的尺寸。

图5-33

3.标签栏

Android手机界面的标签栏没有固定的位置，有些位于界面上方，有些则位于界面下方，如图5-34所示。它的常规尺寸为1176px×168px。

图5-34

4.搜索栏

Android手机界面的搜索栏样式多种多样，没有统一的位置，有些搜索栏会放置在状态栏下方，有些则会放置在下面一点的位置，大部分搜索栏为透明状态，如图5-35所示。

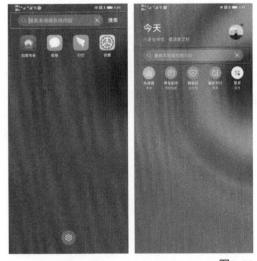

图5-35

5.3.3 Android设计特色

Android手机界面的样式千差万别，因为手机厂商都有自己的一套主题系统，所以不同品牌的Android手机主题和交互方式有很大的区别，但Android操作系统的UI设计有着共同的特点。在设计Android手机界面之前，首先要了解Android操作系统的UI设计特色，在整个设计过程中应当考虑如何将这些特色应用在创意和设计思想中。

1.按钮类型

Android操作系统的按钮大致分为悬浮型按钮、色块型按钮和图形化按钮等。悬浮型按钮使用的配色在界面中比较突出，按钮中的图案比较简单，主要作用是加强用户对按钮的操作性，有时候为了避免遮挡，在下拉的时候会自动隐藏按钮，如图5-36所示。

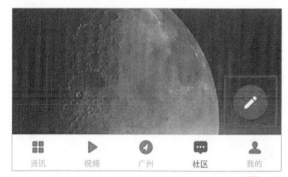

图5-36

色块型按钮看起来很醒目，给用户一种想触碰它的感觉，所以通常会将较强烈的颜色放在页面中重要的按钮上，以方便用户寻找，如图5-37所示。

图5-37

图形化按钮在视觉上看起来比较"轻"，会给人一种整体的感受，经常用在按钮比较多的界面中，这样会让界面显得更为平衡，如图5-38所示。

图5-38

2.卡片

Android的卡片通常会展现丰富的内容，一个卡片代表一个内容区域，在手机预设的应用软件中一般都会用到卡片设计，如图5-39所示。

图5-39

3.对话框

Android的对话框主要由标题、正文和操作按钮组成，如图5-40所示。Android的对话框分为有操作项对话框、不带操作项对话框和全屏对话框。

图5-40

4.开关控件

　　Android的某些功能需要开关控件才能打开，开关控件以左右滑动的方式呈现。未打开时，开关控件显示为灰色，圆形按钮在左边；打开时，开关控件显示为蓝色，圆形按钮会滑动到右边，如图5-41所示。

图5-41

5.加载方式

　　Android的加载控件有进度条加载和环形加载两种方式。进度条加载一般出现在卡片边缘，其加载方式是从左往右进行直线加载，在没有读取数据之前显示为蓝灰色，当完整地读取数据后进度条会进行颜色填充，如图5-42所示。

图5-42

　　环形加载不仅可以在页面信息加载中使用，还可以在悬浮按钮中使用，如点击下载的按钮，环形加载会出现在按钮边缘，如图5-43所示。

图5-43

提示

　　Android手机界面使用的字体一般为"方正兰亭黑体"。

5.4 智能手表界面设计

　　智能手表具有信息处理能力，符合普通手表基本技术要求。它显示时间的方式也有多种，包括指针、数字、图像等。它除了显示时间之外，还具有提醒、导航、校准、监测、交互等多种功能。

　　智能手表一般分为iOS版和Android版。iOS版使用的是方形表盘，而Android版则多使用圆形表盘，也有部分型号使用的是方形表盘。

5.4.1 iOS智能手表设计特点

　　下面大致讲解iOS智能手表界面的设计特点。

1.界面风格

　　iOS智能手表支持层级式和分页式两种风格的界面导

航。层级式导航像列表一样按顺序排列，对那些信息结构或交互流程较为复杂的应用来说，层级式导航更加适用，如图5-44所示。

图5-44

分页式导航可以水平滑动翻页，一个导航内容会布满整个页面。对于数据模型比较简单，不同界面之间的数据不存在直接关联的应用，采用架构更加扁平化的分页式导航比较合理，如图5-45所示。在使用分页式导航时，应尽可能减少页面，保持导航简洁。

图5-45

这两种导航方式本质上是互斥的，不能混搭使用，所以需要在设计阶段根据产品实际情况一次性做出选择；同时，它们又都支持模态视图的呈现，而模态视图本身是由一个或一系列基于分页式导航的界面所构成的，所以在基本的导航结构以外还有更多可能性可以挖掘。

2.交互方式

iOS智能手表的交互方式一般有点击、滑动、滚轮和按压。点击和滑动是经常使用的交互方式。点击某个按钮，就可以执行该按钮的特定功能。滑动屏幕则是通过纵向轻扫或横向轻扫的方式在页面之间进行切换。

滚轮的交互方式是通过按动智能手表的屏幕外侧的按钮控件滚动屏幕，不需要使用手指触碰屏幕。滚轮尤其适用于长页面的滚动，这种交互方式常被iOS版智能手表使用，如图5-46所示。

按压也就是压力触控，屏幕可以灵敏地感知到压力。通过按压交互可以弹出与当前界面相关的菜单，如图5-47所示。

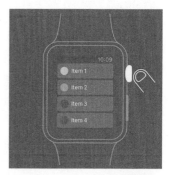

图5-46

图5-47

3.图标特色

像手机的界面图标一样，智能手表也需要应用图标。与手机不同的是，手机的图标是以圆角矩形显示的，iOS智能手表的图标则是以圆形显示的，这就使得智能手表的应用图标必须比手机应用图标更容易辨识，如图5-48所示。由于智能手表图标尺寸较小，因此在设计图标的过程中应该优先考虑内容的简洁性。

图5-48

4.界面布局

iOS智能手表的界面并排放置的图标数量要控制好，一行不能放置3个以上的图标，并且其下方也不会显示名称。图标放置得越多，其尺寸也会相应减小，这样很难被用户点击。

与手机不同，智能手表界面的边缘不需要留太多空隙，在图标与图标之间留出空间即可，在布局时应优先使用左对齐。iOS智能手表的界面一般分为38mm（272px×340px）和42mm（312px×390px）两种尺寸，如图5-49所示。

图5-49

5.4.2 Android智能手表设计特点

Android智能手表的构成很简单，元素形状上呈现方圆几何之美，大多数都是圆形界面，也有少数方形界面。高度情景化是Android智能手表的主要特点，把情景式设计代入智能手表中，除了能够满足基本的用户体验需求，还能自主根据环境和场景，在正确的时间和正确的地点为用户提供正确的信息，如图5-50所示。

图5-50

Android智能手表主要围绕两大功能而设计——导航和卡片，这样可以方便用户与手表更好地交互。

1.导航

Android智能手表是"情景流"导航，其导航模式非常简单。垂直滑动可以查看分类卡片，这些卡片都是根据场景和地理位置提供的，水平滑动则可以查看具体的内容，如图5-51所示。

图5-51

2.卡片

Android智能手表的卡片内容上半部分为图像，下半部分则是文字，这样的结构可以让用户一眼就能获取信息，节省阅读时间，如图5-52所示。在某些情况下，用户无法单独通过卡片来获得自己需要的相关信息，或者执行某种特殊任务，Android智能手表可以通过语音命令启动某些特殊任务。

图5-52

第 6 章

网页端的 UI动效设计

　　随着互联网的发展，网页设计也愈发丰富多彩。近年来动效设计的强势崛起，使静态网页已经不能满足用户的需求。本章通过实际案例来讲解网页端的UI动效设计，通过对这些动效制作的学习，读者可以掌握网页端UI动效设计中所用到的知识。

6.1 网页切换动效

浏览网页时,通常会通过单击页面中的换页按钮或导航栏中的导航按钮来切换页面。本节将通过实例操作,为读者讲解网页切换动效的具体制作方法。

6.1.1 设计分析

在制作网页切换动效之前,先简单介绍一下该案例的制作思路和流程。

❖ **案例分析**

简单的网页界面一般由导航栏、图片、标题、正文和按钮构成,在设计整体界面时需要保持简洁的风格。本案例主要制作指针按钮来切换页面的效果,界面将图片和文字区域区分开,制作动效时,只需要对图片和文字的部分进行移动和调整,就可以制作简单的网页切换动效。另外,在制作网页切换动效的时候还需要制作单击指针按钮的效果。

❖ **色彩分析**

本案例的网页界面主要以简约的白色系为主,整个界面使用了大量留白且没有特别突出的颜色,淡雅的颜色使界面看上比较舒适。

❖ **设计要点**

页面切换的效果是整个案例的设计要点。页面的入场和出场都需要制作淡入淡出的效果,在添加相关的关键帧之后,还需要为关键帧设置缓动效果,并通过"曲线编辑器"调节曲线,改变界面的移动速度。

❖ **制作流程**

本案例首先需要通过Illustrator绘制界面中的按钮和指针,主要使用"多边形工具" 、"矩形工具" 、"钢笔工具" 等绘制图形,再结合"添加锚点工具" 和路径查找器来调整图形的形状,如图6-1所示。

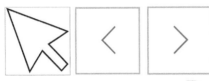

图6-1

接着通过Photoshop进行网页界面的整体设计与制作。首先制作"界面1"的内容,在该界面中制作网页背景边框、导航栏、页数和该页面的内容,这里将页数重叠放置,方便后面动效的制作;然后制作另外两个界面,这两个界面只需要制作其页面内容即可,如图6-2所示。

图6-2

最后通过After Effects制作动效,主要设置"位置"和"不透明度"关键帧来制作界面切换的运动效果,给关键帧设置缓动,再调节速度曲线,使界面的切换效果灵活且不生硬,如图6-3所示。

图6-3

6.1.2 实战：Illustrator绘制指针和按钮

源 文 件：第6章 \ 6.1\ 6.1.2	
在线视频：第6章 \ 6.1.2 实战：Illustrator 绘制指针和按钮 .mp4	

在制作网页切换动效之前，需要先使用Illustrator绘制界面中的指针和按钮，再将绘制的图形导出为PNG格式的文件，方便在后面的界面制作中使用。

1.绘制指针

01 运行Illustrator 2020，新建一个50px×50px的空白文档。选择工具箱中的"多边形工具" ⬡，设置"填充"为白色，"描边"为黑色，描边宽度为1pt，在画布中拖出图形，在拖出图形的过程中，按键盘上的↓方向键，使其变成三角形，如图6-4所示。

02 将三角形旋转45°并将它稍微拉长，如图6-5所示。

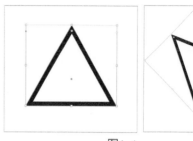

图6-4　　　　　　　　　　图6-5

03 使用"添加锚点工具" ✎在三角形底部的中间位置添加锚点，再使用"直接选择工具" ▷调整锚点，如图6-6所示。

04 使用"矩形工具" ▭在画布中绘制矩形，并将其旋转45°，调整到三角形底部的位置，如图6-7所示。

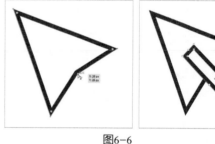

图6-6　　　　　　　　　　图6-7

05 选中两个图形，执行"窗口"→"路径查找器"命令，打开"路径查找器"面板，单击"联集" ▣按钮，合并两个图形，绘制指针图形，如图6-8所示。

图6-8

2.绘制左、右按钮

01 绘制完指针图形后，接着新建一个50px×50px的空白文档，绘制按钮图形。选择工具箱中的"矩形工具" ■，设置"填色"为白色，"描边"为灰色（R:154,G:154,B:156），描边宽度为1pt，在画布中绘制正方形，如图6-9所示。

02 选择工具箱中的"钢笔工具" ✎，设置"填色"为无，"描边"为深灰色（R:86,G:86,B:88），在正方形内绘制左按钮图形，如图6-10所示。

图6-9 图6-10

03 绘制完左按钮图形后，再新建一个文档，将左按钮图形复制到新文档中，选中正方形内的图形并右击，在弹出的快捷菜单中选择"变换"→"镜像"选项，在打开的"镜像"对话框中选择"垂直"选项，如图6-11所示。再单击"确定"按钮，将图形水平翻转，完成右按钮图形的绘制，如图6-12所示。

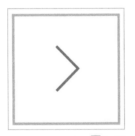

图6-11 图6-12

04 将所有的素材图形绘制完成后，需要将全部的素材导出为PNG格式的图片文件，方便后面使用，如图6-13所示。

右按钮.png 指针.png 左按钮.png

图6-13

6.1.3 实战：Photoshop设计网页切换界面

源文件：第6章\6.1\6.1.3

在线视频：第6章\6.1.3 实战：Photoshop 设计网页切换界面 .mp4

绘制好指针和按钮后，需要使用Photoshop制作界面效果。

01 运行Photoshop 2020，执行"文件"→"新建"命令，新建一个1600像素×1200像素的空白文档。

02 使用"矩形选框工具" ▣ 在画面中创建选区，在选区内填充白色，如图6-14所示。按Ctrl+Shift+I组合键反选选区，填充浅绿色（R:242,G:243,B:245），如图6-15所示。

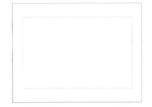

图6-14 图6-15

03 选择工具箱中的"横排文字工具" T，设置字体为"黑体"，字体大小为"30点"，文本颜色为深灰色（R:47,G:48,B:50），将字体加粗，在白色区域左上角输入文字，如图6-16所示。

04 修改字体大小为"25点"，文本颜色为灰色（R:86,G:87,B:89），取消字体加粗，在白色区域右上角的位置输入导航按钮的文字，如图6-17所示。

图6-16 图6-17

05 执行"文件"→"打开"命令，打开"插图1.jpg"素材，将其添加到白色区域左边，如图6-18所示。

06 在图片右侧输入文字信息。使用"横排文字工具" T，修改字体大小为"20点"，文本颜色为深灰色（R:86,G:87,B:89），输入文字；再使用"直线工具"，设置"填充"为深灰色（R:86,G:87,B:89），"描边"为无，"粗细"为"2像素"，在文字右侧绘制直线，文字和直线效果如图6-19所示。

图6-18

图6-19

07 将文字和直线的图层都栅格化，将两个图层合并，命名为"每日新闻"。

08 修改字体大小为"40点"，文本颜色为深灰色（R:46,G:48,B:50），在"每日新闻"下方输入标题文字，如图6-20所示。将该文字图层栅格化，改名为"标题"。

图6-20

09 修改字体大小为"18点"，取消字体加粗，在标题下方输入正文内容，如图6-21所示。将该文字图层栅格化，改名为"正文"。

图6-21

延伸讲解：栅格化图层

选择一个需要栅格化的图层，执行"图层"→"栅格化"命令，然后在其子菜单中选择相应的栅格化命令即可。栅格化后的图层缩略图将发生变化，文字图层栅格化前后显示对比如图6-22所示。

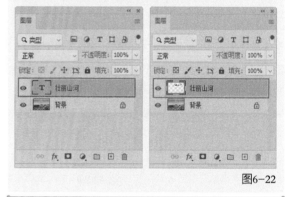

图6-22

10 使用"矩形工具"，设置"填充"为浅灰色（R:215,G:218,B:222），"描边"为无，在文字下方绘制小矩形，并在矩形上输入文字，修改字体大小为"21点"，加粗字体，如图6-23所示。

11 将文本层和矩形图层栅格化并合并，改名为"了解更多"。

12 将之前制作好的"左按钮.png"和"右按钮.png"素材置入文字下方，移动到合适的位置，如图6-24所示。

113

图6-23　　　　　　　　　　图6-24

13　使用"横排文字工具" T.，修改字体为"Britannic Bold"，字体大小为"80点"，在按钮右侧输入数字，如图6-25所示。

14　在同样的位置继续输入数字，使它们重叠，这样可以方便后面动效的制作，如图6-26所示。

图6-25　　　　　　　　　　图6-26

15　修改字体为"Arial"，字体大小为"30点"，在数字右上角输入"/10"，如图6-27所示。

16　执行"文件"→"置入"命令，置入"指针.png"素材，将其移动到合适的位置，如图6-28所示。

图6-27　　　　　　　　　　图6-28

17　新建一个1600像素×1200像素的空白文档，制作"界面2"，添加"插图2.jpg"素材到画布左边的位置，如图6-29所示。

18　在画布右边输入文字信息，"界面2"效果制作完成，如图6-30所示。

19　新建一个1600像素×1200像素的空白文档，在画布上方输入文字信息，如图6-31所示。

20　在文字信息的下方添加素材"插图3.jpg""插图4.jpg""插图5.jpg"，如图6-32所示。

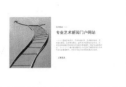

图6-29　　　　　　　　　　图6-30

图6-31　　　　　　　　　　图6-32

6.1.4　实战：After Effects制作网页切换动效

源 文 件：第6章\6.1\6.1.4
在线视频：第6章\6.1.4 实战：After Effects 制作网页切换动效.mp4

界面制作完成后，需要在After Effects中制作网页切换动效。

1.制作指针移动动效

01　运行After Effects 2020，进入其操作界面。执行"合成"→"新建合成"命令，新建合成，如图6-33所示。

02　执行"文件"→"导入"→"文件"命令，依次将"界面1.psd""界面2.psd"和"界面3.psd"导入合成中，在打开的对话框中设置"导入种类"和"图层选项"，如图6-34所示。

图6-33　　　　　　　　　　图6-34

03 在"项目"窗口中，可以看到"界面1""界面2"和"界面3"合成，如图6-35所示。分别进入这3个合成，复制除"背景"图层以外的所有图层，将它们复制到"合成1"中。

图6-35

04 隐藏"界面2"和"界面3"的图层内容，显示"界面1"的图层内容，如图6-36所示。

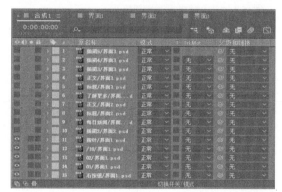

图6-36

05 使用"矩形工具" ▢ 在"新闻"文字的下方绘制矩形，如图6-37所示。该图形生成为"形状图层1"图层。

图6-37

06 选中"指针"图层并右击，在弹出的快捷菜单中选择"图层样式"→"投影"选项，展开"图层样式"中的"投影"属性，设置"投影"参数，参数和效果如图6-38所示。

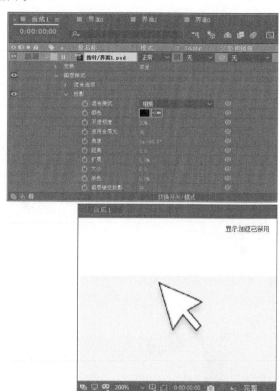

图6-38

07 按P键展开"位置"，按住Shift键的同时按S键和T键，同时展开"位置""缩放"和"不透明度"，将时间指针调整到0:00:00:20的位置，单击"位置"前面的码表 ⏱ 按钮，添加关键帧，如图6-39所示。

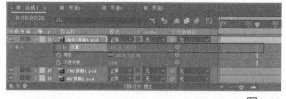

图6-39

08 将时间指针调整到0:00:00:32的位置，将鼠标指针移动到右边按钮的位置，如图6-40所示；再单击"缩放"和"不透明度"前面的码表 ⏱ 按钮，添加关键帧，修改"不透明度"数值为90，如图6-41所示。

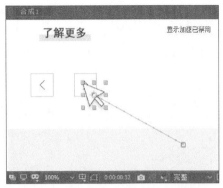

图6-40

图6-41

09 将时间指针调整到0:00:00:36的位置，修改"缩放"的数值为50.0，"不透明度"的数值为100，效果和时间轴如图6-42所示。

图6-42

10 将时间指针调整到0:00:01:00的位置，修改"缩放"的数值为240.0，"不透明度"的数值为0，如图6-43所示。

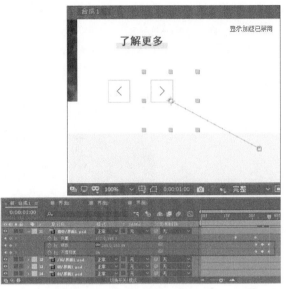

图6-43

11 选中除第1帧之外的所有关键帧，按住Alt键的同时向右拖动关键帧，稍微延长时间距离。

12 选中所有关键帧，按F9键，设置关键帧缓动，如图6-44所示。将"指针"图层移至所有图层顶部。

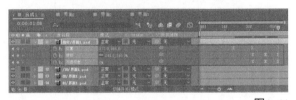

图6-44

13 隐藏"02"图层，选中"左按钮"图层，按T键展开"不透明度"，修改其数值为50，使左边的按钮呈透明状态，如图6-45所示。

图6-45

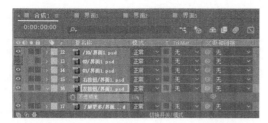

图6-45（续）

2. 制作"界面1"出场动效

01 将时间指针调整到0:00:01:08的位置，选中图6-46所示的图层。

图6-46

02 按P键展开"位置"，在该位置添加"位置"关键帧，再按T键展开"不透明度"，添加其关键帧，然后按U键同时显示所有关键帧，如图6-47所示。

图6-47

03 将时间指针调整到0:00:01:23的位置，同样添加"位置"和"不透明度"关键帧，如图6-48所示。

图6-48

04 选中"插图1"图层，修改"位置"左侧的数值，将图片向左移动，如图6-49所示。

图6-49

05 选中"每日新闻""标题""正文"和"了解更多"图层，修改它们"位置"左侧的数值，将它们向右移动，如图6-50所示。

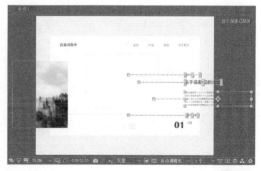

图6-50

图6-50（续）

06 选中"插图1""每日新闻""标题""正文"和"了解更多"图层，将它们的"不透明度"数值改为0，如图6-51所示。

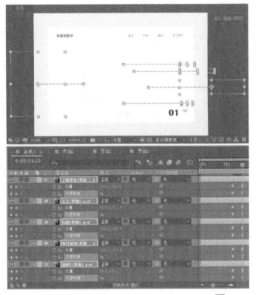

图6-51

07 选中新添加的所有关键帧，按F9键，设置关键帧缓动。选中"插图1"图层中的"位置"关键帧，单击"图表编辑器" 按钮，调整运动曲线，如图6-52所示。

图6-52

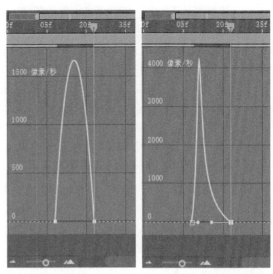

图6-52（续）

08 选中其他图层的关键帧，调整运动曲线，如图6-53所示。

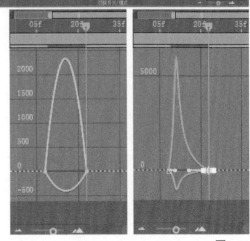

图6-53

09 将每个图层的关键帧依次向右移动一帧，将它们出场的时间错开，如图6-54所示。

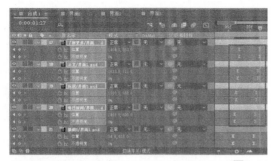

图6-54

⑩ 将时间指针调整到0:00:01:17的位置，选中"01"图层，按T键展开"不透明度"，按住Shift键的同时按P键，展开"位置"，在该位置添加关键帧，如图6-55所示。

图6-55

⑪ 将时间指针调整到0:00:01:27的位置，调整"位置"右侧的参数，将数字01稍微向下移动，修改"不透明度"的数值为0，如图6-56所示。

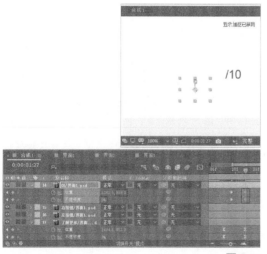

图6-56

⑫ 显示"02"图层，同样在0:00:01:17的位置添加"位置"和"不透明度"两个关键帧；在0:00:01:27的位置也添加关键帧，如图6-57所示。

图6-57

⑬ 将时间指针调整到0:00:01:17的位置，将02数字的位置稍微向上移动，并将"不透明度"的数值改为0，此时02数字为透明，如图6-58所示。

图6-58

⑭ 将"02"图层的所有关键帧都向右移动一帧，将数字出现的动画效果错开，如图6-59所示。

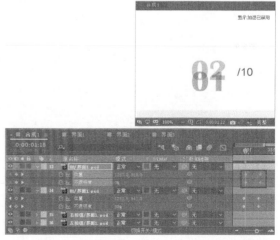

图6-59

15 选中"01""02"图层的所有关键帧，按F9键，设置关键帧缓动。

3.制作"界面2"入场动效

01 显示并选中"界面2"中的所有图层，将时间指针调整到0:00:01:17的位置，展开这些图层的"位置"和"不透明度"，添加关键帧，再将时间指针调整到0:00:01:32的位置，同样添加关键帧，如图6-60所示。

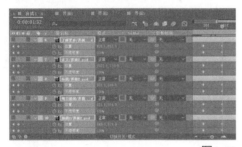

图6-60

02 选中0:00:01:17位置的所有关键帧，制作"界面2"中图片和文字的入场动效，将图片移动到界面左边，将文字信息移动到界面右边，如图6-61所示，然后将它们的"不透明度"的数值都调整为0。

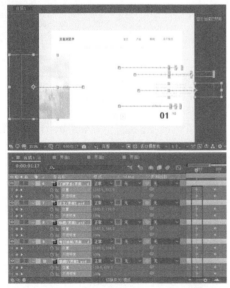

图6-61

03 选中所有关键帧，按F9键，设置关键帧缓动，打开"图表编辑器"，调整运动曲线，如图6-62所示。将每个图层的关键帧都依次向右移动一帧，如图6-63所示。

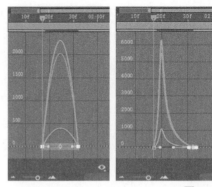

图6-62

图6-63

4.制作单击导航栏按钮动效

01 选中"指针"图层，先按Ctrl+C组合键，再按Ctrl+V组合键，将其复制一层，按U键展开复制图层的所有关键帧，将时间指针调整到0:00:02:08的位置，将所有关键帧移动到该时间位置，如图6-64所示。

图6-64

02 选中复制图层的"位置"关键帧，将鼠标指针移动到界面上方的"关于我们"文字上，如图6-65所示。

图6-65

03 选中第1个关键帧，调整左侧"位置"参数的值，将界面中的鼠标指针向左移动，如图6-66所示。

图6-66

04 修改"不透明度"的数值为0，系统会自动添加关键帧，制作指针消失再出现的动效，如图6-67所示。

图6-67

05 选中"形状图层1"图层，将中心点移动到小矩形的中心位置。将时间指针调整到0:00:02:31的位置，展开"矩形路径1"，添加"大小"关键帧，如图6-68所示。

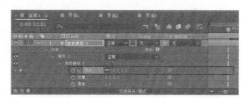

图6-68

06 按P键展开"位置"，添加其关键帧，再按U键展开所有关键帧。

07 将时间指针调整到0:00:03:04的位置，将小矩形移动到右边的"关于我们"的文字下方，如图6-69所示。再在该位置添加"大小"关键帧。

图6-69

08 将时间指针调整到0:00:02:37的位置，单击"大小"前的"约束比例" 按钮，取消约束比例，调整"大小"左侧的参数为70，关键帧和效果如图6-70所示。

图6-70

09 选中所有关键帧，按F9键，设置关键帧缓动，如图6-71所示。

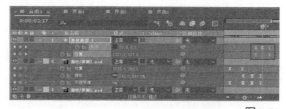

图6-71

10 将"形状图层1"移动到两个"指针"图层的下方。选中"新闻"图层并右击，在弹出的快捷菜单中选择"图层样式"→"描边"选项，展开"描边"属性列表，设置其参数，给文字添加黑色描边，参数和效果如图6-72所示。

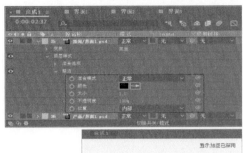

图6-72

11 将时间指针调整到0:00:02:31的位置，单击"描边"中"不透明度"前面的码表 按钮，添加其关键帧；再将时间指针调整到0:00:03:05的位置，修改"不透明度"的数值为65，如图6-73所示，制作文字由黑变灰的动画效果。

图6-73

12 使用步骤11的方法，为"关于我们"图层添加关键帧，制作文字由灰变黑的动画效果，调整两个图层中关键帧的间距，如图6-74所示。

图6-74

5.制作"界面2"出场动效

01 选中"界面2"中的所有图层，将时间指针调整到0:00:03:16的位置，添加"位置"关键帧，再将时间指针调整到0:00:03:31的位置，调整"位置"右侧的数值，将界面中的内容向上移动，如图6-75所示。

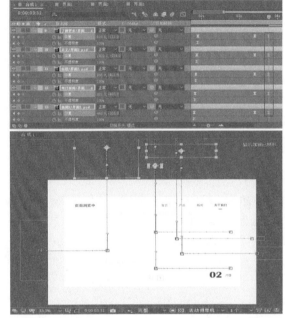

图6-75

02 选中刚刚添加的所有关键帧，打开"图标编辑器"，调整运动曲线，调整方法和之前的方法相同。

03 稍微拉大关键帧之间的距离，使关键帧之间间隔20帧，再调整每个图层的关键帧位置，如图6-76所示。

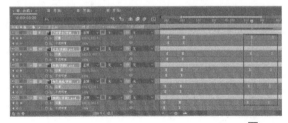

图6-76

04 调整图层位置，将导航栏区域的所有图层移动到界面3的所有图层之前，并在导航栏的位置绘制一个白色的矩形，如图6-77所示。将该形状图层移动到导航栏区域所有图层的下方，如图6-78所示。

图6-77

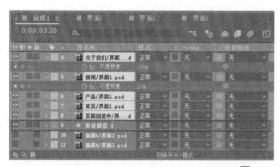

图6-78

05 完成上述操作后，导航栏区域不会被"界面2"的内容
所遮盖，如图6-79所示。

图6-79

6.制作"界面3"入场动效

01 将时间指针调整到0:00:03:26的位置，显示并选中"界
面3"的所有图层内容，按P键展开"位置"，在该位置添
加"位置"关键帧；再将时间指针调整到0:00:04:06的位
置，再次添加关键帧，如图6-80所示。

02 选中左边的所有关键帧，调整"位置"右侧的数值，
向下移动"界面3"的内容，如图6-81所示。

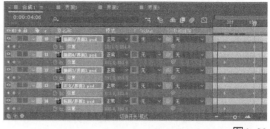

图6-80

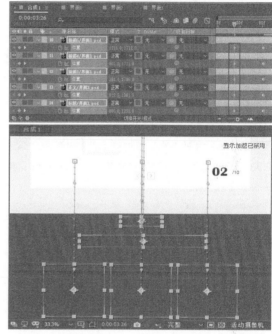

图6-81

03 选中所有新添加的关键帧，按F9键，设置关键帧缓
动，打开"图表编辑器"，调整运动曲线，使界面移动的
速度慢一些，如图6-82所示。

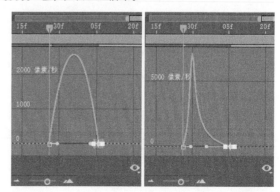

图6-82

04 同样将每个图层的关键帧向右移动一帧，界面入场动画效果如图6-83所示。

图6-83

05 将时间指针调整到0:00:03:16的位置，选中"/10""02""左按钮""右按钮"图层，按T键展开"不透明度"，添加"不透明度"关键帧；再将时间指针调整到0:00:03:26的位置，将"不透明度"的数值改为0，如图6-84所示。

图6-84

06 选中新添加的所有关键帧，按F9键，设置关键帧缓动。

07 按Ctrl+R组合键，显示标尺，在界面中的白色区域边缘添加参考线，如图6-85所示。

图6-85

08 使用"矩形工具"■绘制一个和界面同样大小的浅绿色（R:242,G:243,B:245）矩形，如图6-86所示，将该形状图层命名为"遮罩"。

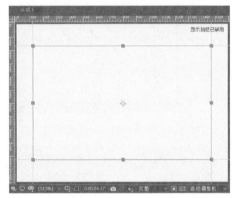

图6-86

09 将"遮罩"图层移动到两个"指针"图层的下方，使两个"指针"图层在所有图层的顶部，如图6-87所示。

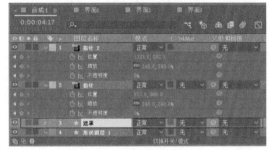

图6-87

10 右击"遮罩"图层，在弹出的快捷菜单中选择"预合成"选项，打开"预合成"对话框，单击"确定"按钮，创建预合成，如图6-88所示。

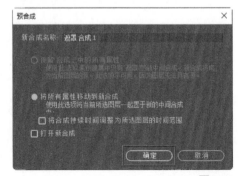

图6-88

11 选中"遮罩 合成1"图层，使用"矩形工具" ■绘制蒙版，蒙版大小和白色区域大小相同，如图6-89所示。

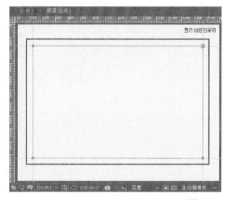

图6-89

12 展开"遮罩 合成1"图层中的"蒙版"，将蒙版的叠加模式改为"相减"，这样就可以显示白色区域了，如图6-90所示。

图6-90

13 网页切换动效制作完成，将文档进行保存，最终效果如图6-91所示。

图6-91

6.2 网页滑动效果

网页界面的动效多种多样,许多创意网站会设计出页面滑动的效果。本节为读者讲解网页滑动效果的具体制作方法。

6.2.1 设计分析

在制作网页滑动效果之前,先简单介绍一下该案例的制作思路和流程。

❖ 案例分析

可以在网页界面中适当加入几何图形元素,这样可以为界面带来焕然一新的效果。本案例为某个设计网站的首页,主要制作文字和几何图形的上下滑动效果。界面的左边区域是文字内容,文字内容包括网站名称、导航文字按钮和网站概述,右边则是几何图形,几何图形元素的加入为界面增添了创意和趣味。

❖ 色彩分析

该界面主要以暖色调为主,色彩的搭配也十分清新。界面的背景色为粉色,文字区域和几何图形区域的背景色分别为白色和浅黄色,文字和几何图形颜色则是不同的辅助色,这些颜色使界面效果丰富且不单调。

❖ 设计要点

页面的滑动效果是整个案例的设计要点。文字和几何图形从下往上循环滑动,每个图形的入场和出场时间不宜太整齐,需要稍微错开每个图形的入场和出场的时间,自然灵活。

❖ 制作流程

本案例首先需要通过Illustrator绘制界面中的几何图形,主要使用"矩形工具"■、"椭圆工具"●和"圆角矩形工具"■进行绘制,如图6-92所示。

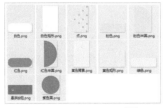

图6-92

接着通过Photoshop进行网页界面的整体设计与制作,几何图形出现在了右边区域,之后在After Effects中进行遮罩处理,如图6-93所示。

图6-93

最后通过After Effects制作动效,页面内容的滑动效果主要通过添加"位置"关键帧,文字的滑动效果还需要添加"不透明度"关键帧,几何图形的区域需要使用蒙版进行遮罩,使它们只在该区域显示,如图6-94所示。

图6-94

6.2.2 实战:Illustrator绘制几何图形元素

源 文 件:第6章 \ 6.2\ 6.2.2

在线视频:第6章 \ 6.2.2 实战:Illustrator 绘制几何图形元素 .mp4

在制作网页滑动效果之前,需要先使用Illustrator绘制界面中的几何图形元素,再将绘制的图形导出为PNG格式的文件,方便在后面的界面制作中使用。

⑪ 运行Illustrator 2020,新建一个256px×396px的空白

文档。选择工具箱中的"矩形工具"■，设置"填色"为浅黄色（R:254,G:245,B:229），"描边"为无，绘制一个与画布同样大小的矩形，如图6-95所示。

02 执行"文件"→"导出"→"导出为"命令，将"文件名"改为"黄色背景"，将图形导出为PNG格式的文件，如图6-96所示。

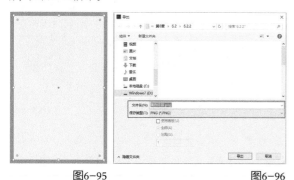

图6-95　　　　　　　　　　图6-96

03 新建一个120px×200px的空白文档。选择工具箱中的"矩形工具"■，设置"填色"为白色，"描边"为无，在画布中绘制一个117px×189px的白色矩形，如图6-97所示。同样将其导出为PNG格式的文件，命名为"白色矩形"。

04 新建一个200px×200px的空白文档。选择工具箱中的"椭圆工具"●，设置"填色"为粉色（R:252,G:223,B:219），"描边"为无，在画布中绘制一个圆形，如图6-98所示。

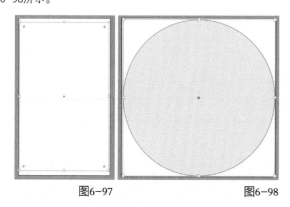

图6-97　　　　　　　　　　图6-98

05 使用"矩形工具"■在圆形的左侧绘制矩形，如图6-99所示。选中两个图形，执行"窗口"→"路径查找器"命令，打开"路径查找器"面板，单击"减去顶层"■按钮，如图6-100所示。

06 将图形导出为PNG格式的文件，命名为"粉色半圆"。

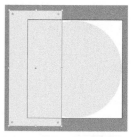

图6-99

图6-100

07 新建一个50px×50px的空白文档。使用"椭圆工具"●绘制紫色（R:136,G:107,B:250）填充、无描边的圆形，如图6-101所示。将图形导出为PNG格式的文件，命名为"紫色圆"。

08 新建一个100px×100px的空白文档。使用"椭圆工具"●绘制橙红色（R:254,G:171,B:156）填充、无描边的小圆形，再将小圆形复制多个，整齐排列成三角形，如图6-102所示。将该图形导出为PNG格式的文件，命名为"点"。

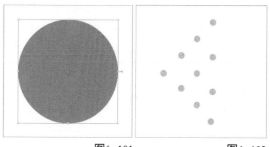

图6-101　　　　　　　　　　图6-102

09 新建一个50px×50px的空白文档。使用"圆角矩形工具"■绘制浅绿色（R:221,G:240,B:235）填充、无描边的圆角矩形，该圆角矩形大小为252px×88px，如图6-103所示。将该图形导出为PNG格式的文件，命名为"绿色"。

10 新建一个150px×100px的空白文档。使用"圆角矩形工具"绘制红色（R:255,G:132,B:132）填充、无描边的圆角矩形，其大小为116px×40px，如图6-104所示。将该图形导出为PNG格式的文件，命名为"红色"。

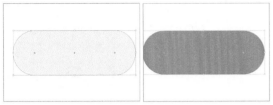

图6-103　　　　　图6-104

延伸讲解：调整圆角矩形半径并指定大小

在绘制圆角矩形的过程中，按住↑方向键可增加圆角半径直至成为圆形；按住↓方向键可减少圆角半径直至变成方形；按住←或→方向键，可以在方形和圆形之间切换。

如果要绘制指定大小的圆角矩形，可以在画板中单击，打开"圆角矩形"对话框并设置参数，如图6-105所示。

图6-105

⑪ 新建一个300px×250px的空白文档。使用"矩形工具"绘制黄色（R:254,G:242,B:211）填充、描边的矩形，其大小为167px×104px，如图6-106所示。将该图形导出为PNG格式的文件，命名为"黄色矩形"。

⑫ 新建一个300px×250px的空白文档。使用"椭圆工具"绘制红色（R:255,G:126,B:108）填充、无描边的圆形，如图6-107所示。

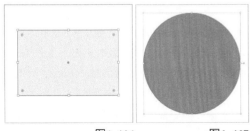

图6-106　　　　　图6-107

⑬ 使用"矩形工具"在圆形的左侧绘制矩形，选中两个图形，单击"路径查找器"中的"减去顶层"按钮，制作半圆图形，如图6-108所示。将该图形导出为PNG格式的文件，命名为"红色半圆"。

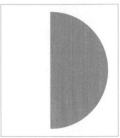

图6-108

⑭ 新建一个300px×250px的空白文档。使用"圆角矩形工具"绘制粉色（R:252,G:223,B:219）填充、无描边的圆角矩形，其大小为253px×87px，如图6-109所示。将该图形导出为PNG格式的文件，命名为"粉色"。

⑮ 新建一个250px×150px的空白文档。使用"圆角矩形工具"绘制白色填充、无描边的圆角矩形，其大小为179px×62px，如图6-110所示。将该图形导出为PNG格式的文件，命名为"白色"。

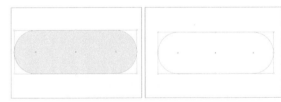

图6-109　　　　　图6-110

⑯ 新建一个126px×44px的空白文档，开始绘制悬浮按钮。使用"矩形工具"绘制一个紫色（R:124,G:95,B:255）填充、无描边的矩形，其大小和画布大小相同，如图6-111所示。

图6-111

⑰ 使用"矩形工具"绘制一个白色填充、浅紫色

（R:251,G:233,B:255）描边的矩形，修改"描边"的数值为0.25，"不透明度"的数值为80%，矩形大小为6px×1.5px，如图6-112所示。

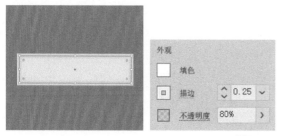

图6-112

18 在步骤17绘制的矩形的上面再绘制一个无填充、白色描边的矩形，修改"描边"的数值为0.75，"不透明度"的数值为60%，矩形大小为10px×6px，如图6-113所示。

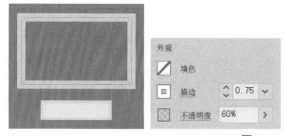

图6-113

19 使用"直线段工具" 在两个矩形中间绘制横、竖两条白色直线，如图6-114所示。

图6-114

20 修改上方直线的"不透明度"为70%，完成电脑图形的绘制，悬浮按钮效果如图6-115所示。将该图形导出为

PNG格式的文件，命名为"悬浮按钮"。所有界面素材绘制完成，查看文件效果，如图6-116所示。

图6-115

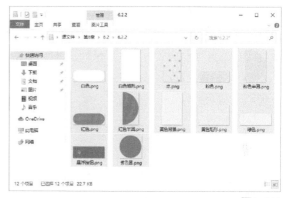

图6-116

6.2.3 实战：Photoshop设计网页滑动界面

源 文 件：第 6 章 \ 6.2\ 6.2.3
在线视频：第 6 章 \ 6.2.3 实战：Photoshop 设计网页滑动界面 .mp4

绘制好几何图形后，需要使用Photoshop设计网页滑动界面。

1.制作界面背景

01 运行Photoshop 2020，执行"文件"→"新建"命令，新建一个800像素×600像素的空白文档，设置文档背景颜色为粉色（R:246,G:217,B:215），如图6-117所示。

02 使用"矩形选框工具" 在画面中绘制矩形选区，设置前景色为白色，新建图层并改名为"白色背景"，按Alt+Delete组合键，在选区内填充白色，如图6-118所示。按Ctrl+D组合键取消选区。

图6-117　　　　　　　图6-118

03 选择工具箱中的"横排文字工具" T.，设置字体为 "方正舒体"，字体大小为"22点"，文本颜色为紫色 （R:174,G:156,B:251），在白色区域左上角输入文字，如 图6-119所示。

04 修改字体为"黑体"，字体大小为"10点"，文本颜 色为灰色（R:102,G:102,B:102），在右边输入文字，制作 导航栏，如图6-120所示。

图6-119　　　　　　　图6-120

05 选中所有文字图层并右击，在弹出的快捷菜单中选择 "栅格化图层"选项，将它们栅格化，如图6-121所示。

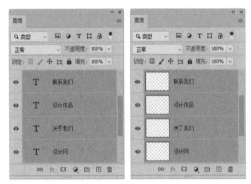

图6-121

06 按住Ctrl键的同时，选择"白色背景"图层，按Ctrl+E 组合键，将它们和"白色背景"图层合并为一个图层，合 并后的图层名称为"白色背景"。

07 执行"文件"→"置入嵌入对象"命令，将"黄色背 景.png"素材置入文档，移动到白色区域右边，如图 6-122所示。

图6-122

2.制作"界面1"

01 单击"图层"面板底部的"创建新组" 按钮，创建 一个图层组，将组名改为"界面1"，接下来开始制作 "界面1"。

02 将"白色矩形.png"素材置入文档，将其旋转并移动 到合适的位置，如图6-123所示。同样将"粉色半 圆.png"和"紫色圆.png"置入文档，将它们调整到合适 的位置，并缩小紫色圆，如图6-124所示。

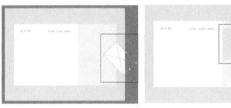

图6-123　　　　　　　图6-124

03 将"紫色圆"素材图层改名为"紫色小圆"并移动到 "界面1"图层组。

04 选择工具箱中的"横排文字工具" T.，文字属性与之 前输入的文字相同，在白色区域左下角的位置输入文字， 如图6-125所示。

图6-125

05 修改字体大小为"19.15点"，文本颜色为黑色，继续在上方输入文字"最精彩的设计作品"，更换图层再输入文字"了解创意"，其中"了解"为黑色，"创意"为红色（R:249,G:127,B:108），如图6-126所示。

图6-126

06 接下来将"点.png""绿色.png"和"红色.png"素材置入文档中，调整它们的角度和位置，如图6-127所示。"界面1"制作完成。

图6-127

3.制作"界面2"

01 创建新的图层组，命名为"界面2"，隐藏"界面1"图层组，如图6-128所示。下面开始制作"界面2"。

图6-128

02 将"黄色矩形.png""红色半圆.png"和"紫色圆.

png"素材置入文档，调整它们的角度和位置，如图6-129所示。将"紫色圆.png"素材的图层改名为"紫色大圆"。

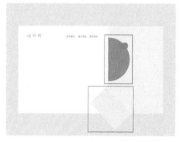

图6-129

03 在"界面2"中输入文字，文字效果和"图层"面板如图6-130所示。

图6-130

04 接下来将"点.png""粉色.png""白色.png"和"悬浮按钮.png"素材置入文档，调整它们的位置，如图6-131所示。

05 在悬浮按钮中输入白色文字，字体大小为"9点"，如图6-132所示。

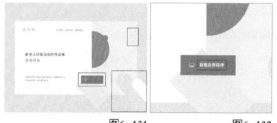

图6-131   图6-132

06 将文字图层栅格化并与"悬浮按钮"图层合并，合并后的图层名称为"悬浮按钮"。"界面2"绘制完成，将文档保存为"网页滑动效果.psd"文件，"界面1"和"界面2"的效果如图6-133所示。

图6-133

6.2.4 实战：After Effects制作网页滑动效果

源 文 件：第 6 章 \ 6.2\ 6.2.4

在线视频：第 6 章 \ 6.2.4 实战：After Effects 制作网页滑动效果 .mp4

界面效果制作完成后，需要在After Effects中制作网页滑动效果。

1.制作界面图形动效

01 运行After Effects 2020，进入其操作界面。执行"文件"→"导入"→"文件"命令，将刚才保存的"网页滑动效果.psd"文件导入软件，如图6-134所示。

图6-134

02 右击"项目"窗口中的"网页滑动效果"合成，在弹出的快捷菜单中选择"合成设置"选项，在打开的"合成设置"对话框中修改"帧速率"和"持续时间"，如图6-135所示。

图6-135

03 在"项目"窗口双击"网页滑动效果"合成，进入该合成中，隐藏"界面2"的内容，如图6-136所示。

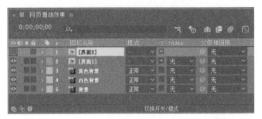

图6-136

04 双击"界面1"合成，进入"界面1"的合成，选中所有文字内容图层，将它们复制到"网页滑动效果"合成中，如图6-137所示，并将"界面1"中的文字内容删除。

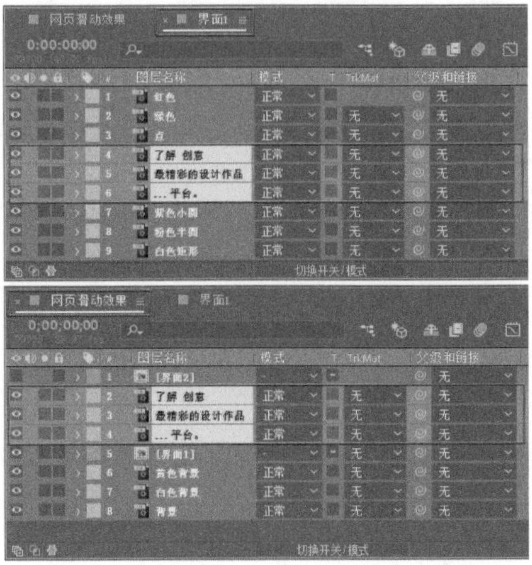

图6-137

05 进入"界面1"的合成，开始制作"界面1"的图形动效。按Ctrl+A组合键选中"界面1"合成中的所有图层，按P键展开"位置"，将时间指针调整到0:00:00:29的位置，单击"位置"前面的码表◎按钮，添加关键帧；再将时间指针调整到0:00:00:10的位置，向下移动所有图形，系统自动添加关键帧，如图6-138所示。

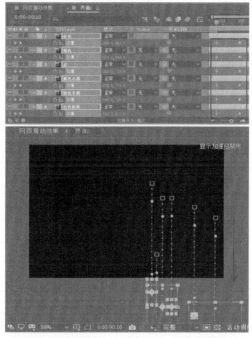

图6-138

06 稍微调整"绿色""紫色小圆""粉色半圆""白色矩形"图层的关键帧，将图形入场的时间错开，如图6-139所示。

图6-139

07 选中所有关键帧，按F9键，设置关键帧缓动，在"时间轴"单击"图表编辑器"◎按钮，调整运动曲线，使图形的运动速度由快变慢，如图6-140所示。

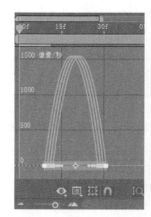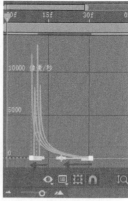

图6-140

08 此时图形的运动速度太快，将所有图层的第2个关键帧向右移动一些，如图6-141所示。

图6-141

09 将时间指针调整到0:00:02:13的位置，选中所有图形并将它们向上移动，如图6-142所示。

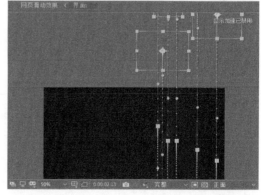

图6-142

10 将时间指针调整到0:00:01:21的位置，将每个图层的第2个关键帧复制到该位置，关键帧和图形位置如图6-143所示。

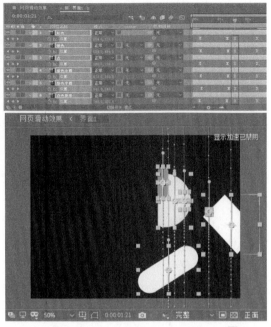

图6-143

11 稍微调整每个图层最后两个关键帧，将图形运动的时间错开，关键帧和运动效果如图6-144所示。

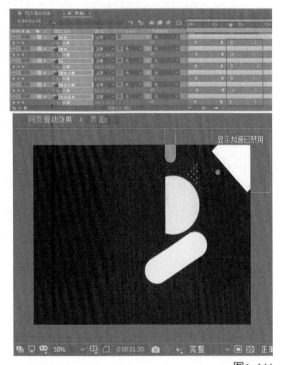

图6-144

12 切换到"网页滑动效果"合成中，选中"界面1"合成图层，使用"矩形工具" ▢ 在界面中的黄色背景区域绘制矩形蒙版，其大小和该区域大小相同，这样图形就只会在该区域显示，如图6-145所示。

图6-145

13 隐藏"界面1"图层，显示并双击"界面2"图层，进入"界面2"合成中，将图6-146所示的图层复制到"网页滑动效果"合成中，并将"界面2"中的这些图层删除。

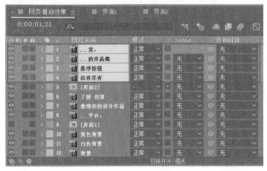

图6-146

14 进入"界面2"合成，将时间指针调整到0:00:02:14的位置，制作"界面2"的图形运动效果，这里不再详细讲解，其关键帧和运动效果如图6-147所示。

图6-147

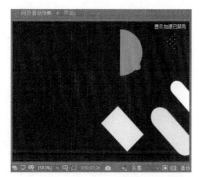

图6-147（续）

在添加关键帧之前可以单击按钮，打开运动模糊，这样在设置关键帧缓动之后，图形在运动的过程中会产生模糊效果。

[15] 切换到"网页滑动效果"合成，选中"界面2"合成图层，使用"矩形工具"▣绘制同样的蒙版，如图6-148所示。

图6-148

2.制作界面文字动效

[01] 显示"界面1"图层，隐藏"界面2"中所有文字内容的图层，如图6-149所示。接下来开始制作界面左边文字部分的滑动效果。

图6-149

[02] 将时间指针调整到0:00:01:04的位置，选中文字内容的上方两个图层，按T键展开"不透明度"，单击"不透明度"前面的码表◎按钮，添加关键帧，如图6-150所示。

图6-150

[03] 将时间指针调整到0:00:00:09的位置，将"不透明度"的数值修改为0，如图6-151所示。

图6-151

[04] 再次将时间指针调整到0:00:01:04的位置，按P键展开这两个图层的"位置"，添加"位置"关键帧；将时间指针再次调整到0:00:00:12的位置，将文字向下移动，如图6-152所示。

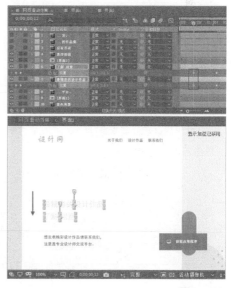

图6-152

05 按U键展开这两个图层的所有关键帧，将时间指针调整
到0:00:01:25的位置，将第2列的关键帧都复制到该位置，
如图6-153所示。

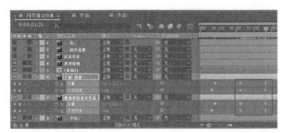

图6-153

06 将时间指针调整到0:00:02:11的位置，修改"不透明
度"的数值为0，将文字向上移动，如图6-154所示。

图6-154

07 使用步骤06的方法制作下方文字的运动效果，关键帧
和效果如图6-155所示。

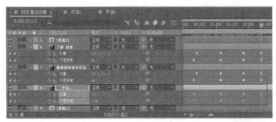

图6-155

图6-155（续）

08 取消选中所有图层，使用"矩形工具" 在界面任意
位置绘制无填充、无描边的矩形，如图6-156所示。该矩
形生成"形状图层1"。

图6-156

09 选中"形状图层1"图层和下方文字的图层并右击，在
弹出的快捷菜单中选择"预合成"选项，打开"预合成"
对话框，修改合成名称为"界面1文字"，如图6-157所
示，然后单击"确定"按钮，将两个图层创建为预合成。

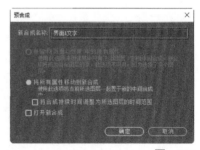

图6-157

10 选中"界面1文字"图层，再使用"矩形工具" 在文
字部分绘制矩形蒙版，如图6-158所示。

图6-158

11 展开该图层的"蒙版"列表，勾选"反转"复选框，稍微调整蒙版的位置，蒙版效果如图6-159所示。"界面1"中的文字运动效果制作完成。

图6-159

12 接下来开始制作"界面2"中的文字运动效果。显示"最令人印象深刻的作品集"图层，将时间指针调整到0:00:02:18的位置，将"最精彩的设计作品"图层中的所有关键帧都复制到该图层中，如图6-160所示。这样只会复制关键帧的属性而不会复制其内容。

13 显示"应有尽有"图层，将"了解 创意"图层的所有关键帧都复制到该图层中，如图6-161所示。

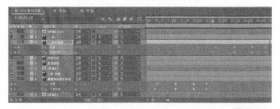

图6-160

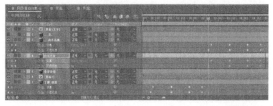

图6-161

14 显示"界面2"中的下方小文字的图层，将"界面1文字"合成中的所有关键帧都复制到该图层中，如图6-162所示。

图6-162

15 使用同样的方法创建"界面2文字"预合成，为该合成创建矩形蒙版并反转蒙版，如图6-163所示。

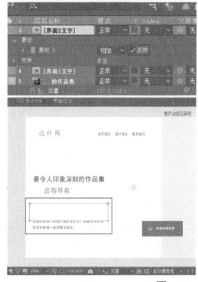

图6-163

137

16 制作界面中的加载进度条动效。取消选中所有图层，选择"钢笔工具"✏️，设置"填充"为无，"描边"为灰色（R:178,G:178,B:178），描边宽度为"2像素"，在文字区域下方绘制直线，将中心点移动到直线的最左端，如图6-164所示。

17 复制直线，修改"描边"为蓝色（R:32,G:103,B:255），如图6-165所示。选中该图层，按S键展开"缩放"。

图6-164   图6-165

18 将时间指针调整到0:00:03:04的位置，单击"缩放"前面的码表🕐按钮，添加关键帧。将时间指针调整到0:00:01:00的位置，单击"缩放"前的"约束比例"🔗按钮，取消约束比例，向左拖动"缩放"左侧的数值，将蓝色直线向左压缩变为一个点，如图6-166所示。

图6-166

19 将时间指针调整到0:00:01:21的位置，向右拖动"缩放"左侧的数值，在该位置自动添加关键帧。再将时间指针调整到0:00:02:06的位置，将刚才添加的关键帧复制到该位置，使加载进度条在中间停顿片刻，如图6-167所示。

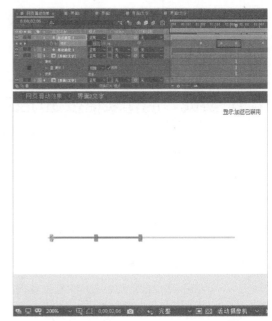

图6-167

20 网页滑动效果制作完成，将文档保存，最终效果如图6-168所示。

图6-168

图6-168（续）

6.3 网络错误动效

有时在浏览网页时，服务器无法正常提供信息，或是服务器无法回应，会出现404网络错误页面。本节为读者讲解网络错误动效的具体制作方法。

6.3.1 设计分析

在制作网络错误动效之前，先简单介绍一下该案例的制作思路和流程。

❖ 案例分析

404网络错误页面是网页设计中不可或缺的部分，当用户在浏览网页时，如果出现404网络错误页面，那么会让用户的体验大打折扣，所以需要精心设计页面效果，来弥补404页面给用户带来的负面影响。本案例设计了奶牛被飞碟传送到地面的趣味动效，圆滚滚的奶牛就代表了数字0，和左右两边的数字4一起构成了"404"，充满趣味性的动效可以给用户带来不一样的感受。

❖ 色彩分析

该界面主要以蓝色为主，背景为深蓝色，主体物采用浅蓝色、绿色和白色等，深色和浅色相结合可以带来强烈的视觉冲击，加上有趣的小动画，可以吸引用户的注意力，让用户忘记网络错误带来的不愉快。

❖ 设计要点

趣味动效是整个案例的设计要点。飞碟、飞碟的光线、奶牛、光线中的花和文字都是需要运动的元素，添加相关的关键帧之后，还需要为关键帧设置缓动效果，并通过"曲线编辑器"调节曲线，改变它们的移动速度。

❖ 制作流程

本案例首先需要通过Illustrator绘制界面中的场景元素，主要使用"星形工具"☆和"椭圆工具"⬭进行绘制，如图6-169所示。

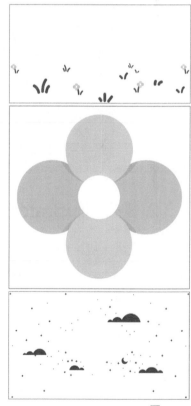

图6-169

接着通过Photoshop制作趣味场景404页面效果，如图6-170所示。

图6-170

最后通过After Effects制作动效，场景动画主要通过添加"位置""缩放""旋转"关键帧，对图形进行旋转和缩放，再调整位置，可以制作简单的动态效果，如图6-171所示。

图6-171

6.3.2 实战：Illustrator绘制场景元素

源 文 件：第6章\6.3\6.3.2

在线视频：第6章\6.3.2 实战：Illustrator绘制场景元素.mp4

在制作网络错误界面动效之前，需要先使用Illustrator绘制界面中的场景元素，再将绘制的图形导出为PNG格式的文件，方便在后面的界面制作中使用。

01 运行Illustrator 2020，新建一个1400px×800px的空白文档。

02 选择工具箱中的"星形工具" ，在"属性"面板设置"填色"为深蓝色（R:0,G:31,B:102），"描边"为无，

在画布中单击，打开"星形"对话框，设置"角点数"为4，单击"确定"按钮，在画布中绘制四角星形，如图6-172所示。

图6-172

03 复制多个四角星形并调整它们的大小，将四角星形布满整个画面，效果如图6-173所示。

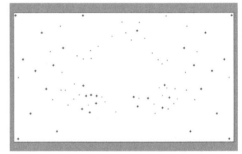

图6-173

04 选择工具箱中的"椭圆工具" ，在画布中绘制圆形，再在圆形的右上角绘制一个较小的圆形，如图6-174所示。选中这两个圆形，单击"路径查找器"中的"减去顶层" 按钮，绘制月亮图形，如图6-175所示。

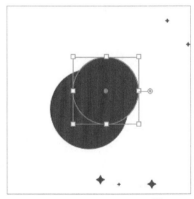

图6-174

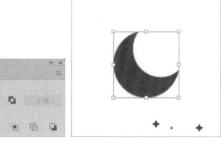

图6-175

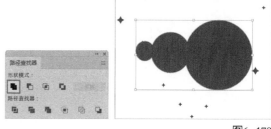

图6-178

05 将月亮图形缩小并移动到合适的位置,如图6-176所示,选中所有图形并右击,在弹出的快捷菜单中选择"编组"选项,将它们编组。

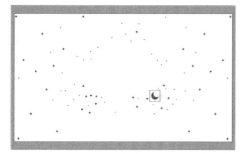

图6-176

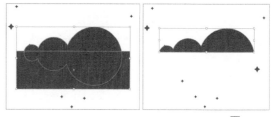

图6-179

08 使用步骤06和步骤07的方法绘制其他图形,调整它们的大小并移动到合适的位置,将它们进行编组,画面效果如图6-180所示。将文档进行保存并导出为PNG格式的文件,文件名为"星空背景.png"。

09 新建一个800px×420px的空白文档。使用"圆角矩形工具" ▢ 在画布中绘制两个圆角矩形,如图6-181所示。

06 使用"椭圆工具" ◯ 在画布中绘制3个大小不相同的圆形,如图6-177所示。将它们全部选中,单击"路径查找器"中的"联集" ▣ 按钮,使它们合并为一个图形,如图6-178所示。

07 使用"矩形工具" ▢ 在图形的下半部分绘制矩形,选中全部图形,单击"路径查找器"中的"减去顶层" ▣ 按钮,修改图形的形状,如图6-179所示。

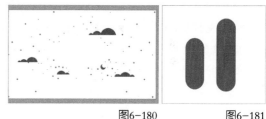

图6-180   图6-181

10 使用"直接选择工具" ▷,调整两个圆角矩形的锚点,使它们弯曲,如图6-182所示。将这两个图形进行编组。

11 使用步骤10的方法绘制其他图形,调整大小和位置,草地的效果如图6-183所示。

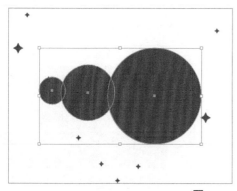

图6-177

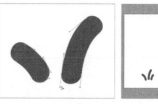

图6-182

图6-183

12 使用"椭圆工具" 在画布中绘制两个蓝色（R:17,G:195,B:241）填充、无描边的圆形，如图6-184所示。

图6-184

13 使用"椭圆工具" 绘制两个深蓝色（R:25,G:165,B:209）填充、无描边的圆形，选中两个圆形并单击"路径查找器"中的"交集" 按钮，修改图形，如图6-185所示。

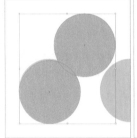

图6-185

14 使用步骤12和步骤13的方法绘制其他几个图形，并移动到合适的位置，如图6-186所示。继续在上方和下方绘制两个蓝色（R:64,G:230,B:255）填充、无描边的圆形，如图6-187所示。

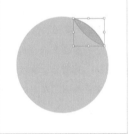

图6-186　　　　　图6-187

15 在图形中间绘制一个稍微小一些的白色圆形，绘制花图形，如图6-188所示，将该图形全选并编组。

16 将花图形复制多个，并移动到合适的位置，再绘制几棵有叶子的花，整体效果如图6-189所示。将文档进行保存并导出为PNG格式的文件，文件名为"草地背景.png"。

图6-188

图6-189

17 新建一个40px×40px的空白文档，将花素材单独复制到该文档中，将文档进行保存并导出为PNG格式的文件，文件名为"花.png"，所有导出的素材文件如图6-190所示。

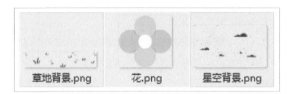

图6-190

6.3.3 实战：Photoshop设计网络错误界面

源 文 件：第6章\ 6.3\ 6.3.3
在线视频：第6章\ 6.3.3 实战：Photoshop 设计网络错误界面 .mp4

绘制好场景元素后，需要使用Photoshop设计网络错误界面。

01 运行Photoshop 2020，执行"文件"→"新建"命令，新建一个1920像素×1080像素的空白文档，设置文档背景为深蓝色（R:0,G:12,B:77）。执行"文件"→"置入嵌入对象"命令，将之前制作好的"星空背景.png"素材置入文档，如图6-191所示。

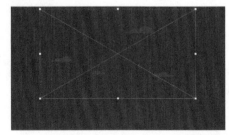

图6-191

02 选择工具箱中的"横排文字工具" T.，设置字体为"黑体"，字体大小为"300点"，字体颜色为浅蓝色（R:146,G:252,B:255），在画布左右两边输入数字4，如图6-192所示。

图6-192

03 继续使用"横排文字工具" T.，修改字体为"Arial Rounded MT Bold"，字体大小为"350点"，字体颜色为蓝色（R:64,G:230,B:255），在数字4上面再输入4，如图6-193所示。

04 选中后面输入的两个数字4的文本图层并右击，在弹出的快捷菜单中选择"栅格化文字"选项，将这两个图层栅格化，如图6-194所示。

图6-193   图6-194

05 选中栅格化的图层，使用"多边形套索工具"在左边数字4上方创建选区，然后按Delete键将选区内容删除，如图6-195所示。

图6-195

06 制作右边数字4的效果，如图6-196所示。将其他的文字图层也栅格化，选中所有栅格化的图层，按Ctrl+E组合键，合并图层，如图6-197所示。

图6-196   图6-197

07 执行"文件"→"置入嵌入对象"命令，将"飞碟.png"和"奶牛.png"素材置入文档，移动到合适的位置，如图6-198所示。

图6-198

08 选择工具箱中的"钢笔工具"，设置工具模式为"形状"，"填充"为蓝色（R:86,G:252,B:255），"描边"为无，在飞碟下方绘制图形，如图6-199所示。将该形状图层改名为"光线"，并放置在"飞碟"和"奶牛"图层的下方，效果如图6-200所示。

图6-199

图6-200

09 按Ctrl+J组合键复制"光线"图层，得到"光线 拷贝"图层，将其移至所有图层的上方并隐藏，方便以后使用。

10 将"光线"图层栅格化，选中该图层，执行"滤镜"→"高斯模糊"命令，在打开的"高斯模糊"对话框中设置"半径"参数，如图6-201所示。再将该图层的"不透明度"修改为30%，效果如图6-202所示。

图6-201

图6-202

11 使用"椭圆工具"在光线的下方绘制蓝色（R:0,G:227,B:255）填充、无描边的椭圆形，再在椭圆形内绘制一个较小的宝蓝色（R:0,G:137,B:187）填充、无描边的椭圆形，修改其图层的"不透明度"为40%，将"椭圆1"图层的名称改为"飞碟光"，将"椭圆2"图层的名称改为"奶牛阴影"，如图6-203所示。

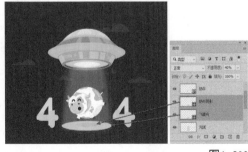

图6-203

12 显示并选中"光线 拷贝"图层，修改该图形的填充颜色为蓝色（R:0,G:227,B:255），修改其图层的"不透明度"为15%，如图6-204所示。

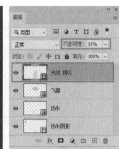

图6-204

13 使用"横排文字工具" T，设置字体为"幼圆"，字体大小为"50点"，文本颜色为白色，在奶牛上方输入文字"出错啦！"，然后单击工具选项栏中的"创建文字变形" 按钮，在打开的"变形文字"对话框中，设置参数，如图6-205所示。选中文字，按Ctrl+T组合键旋转文字，如图6-206所示。

图6-205   图6-206

14 置入"草地背景.png"和"花.png"素材，移动到合适的位置，界面最终效果如图6-207所示。将文档保存为"网络错误界面.psd"文件。

图6-207

6.3.4 实战：After Effects制作网络错误动效

源 文 件：第6章\6.3\6.3.4

在线视频：第6章\6.3.4实战：After Effects制作网络错误动效.mp4

界面效果制作完成后，需要在After Effects中制作运动效果。

1.制作飞碟的运动效果

01 运行After Effects 2020，进入其操作界面。执行"文件"→"导入"→"文件"命令，将刚才保存的"网络错误界面.psd"文件导入软件，如图6-208所示。

图6-208

02 右击"项目"窗口中的"网络错误界面"合成，在弹出的快捷菜单中选择"合成设置"选项，在打开的"合成设置"对话框中修改"帧速率"为25，"持续时间"为5秒。

03 在"项目"窗口双击"网络错误界面"合成，进入该合成中，查看"时间轴"中的图层效果，将不需要编辑的图层锁定，如图6-209所示。

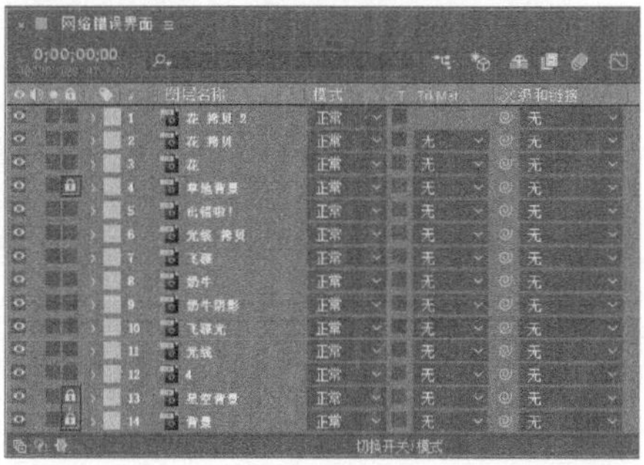

图6-209

04 选中"飞碟"图层，使用"向后平移（锚点）工具"将飞碟的中心点移动到左边中间的位置，如图6-210所示。

图6-210

05 将时间指针调整到0:00:00:12的位置，展开"飞碟"图层的属性列表，单击"位置""缩放"和"旋转"前面的码表按钮，添加关键帧，然后按U键展开所有添加了关键帧的属性，如图6-211所示。

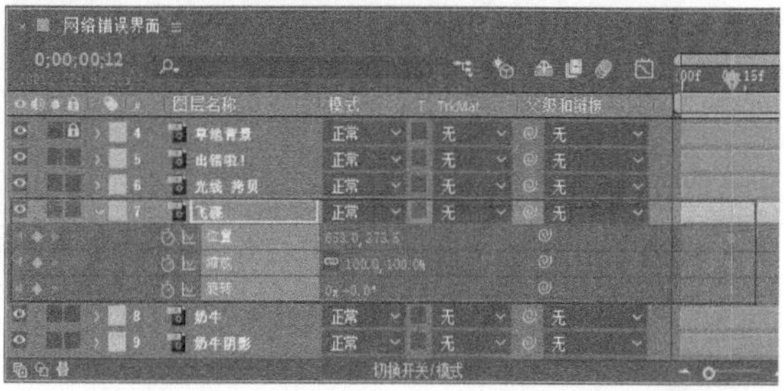

图6-211

06 将时间指针调整到0:00:01:12的位置，同样添加"位置""缩放"和"旋转"的关键帧，修改"旋转"参数，旋转飞碟，如图6-212所示。

图6-212

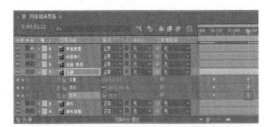

图6-212（续）

07 时间指针调整到0:00:00:12的位置，修改"位置"和"缩放"参数，向上移动并缩小飞碟，再调整飞碟的位置，如图6-213所示。

图6-213

2.制作光线的运动效果

01 选中"光线 拷贝"图层，使用"向后平移（锚点）工具"将中心点移动到光线底部中间的位置，如图6-214所示。

图6-214

02 按S键展开"缩放"，单击"缩放"前的"约束比例"按钮，取消约束比例，分别调整"缩放"左右两边的参数，调整光线的大小，再单击"缩放"前面的码表按钮，添加关键帧，如图6-215所示。

图6-215

03 将时间指针调整到0:00:01:12的位置，修改"缩放"左右两边的参数，再次调整光线大小，如图6-216所示。

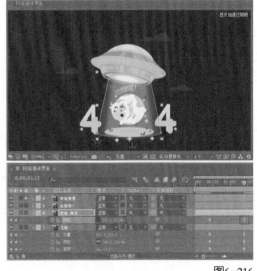

图6-216

04 选中所有关键帧，按F9键，设置关键帧缓动，然后单击"时间轴"面板上方的"图表编辑器"按钮，调整运动曲线，使运动速度由快变慢，如图6-217所示。

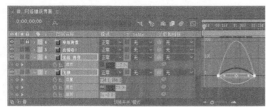

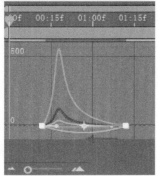

图6-217

图6-219

05 选中"光线"图层，使用步骤02的方法，调整中心点的位置并添加"缩放"关键帧，使其和"光线 拷贝"图层中的光线运动效果相同，如图6-218所示。

图6-218

07 展开这两个图层的"缩放"和"不透明度"，单击"缩放"和"不透明度"前面的码表 ◯ 按钮，分别在0:00:00:12和0:00:01:12的位置添加关键帧，如图6-220所示。

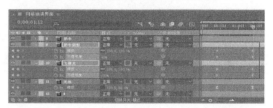

图6-220

08 将时间指针调整到0:00:00:12的位置，修改"飞碟光"图层的"不透明度"的数值为50，单击"奶牛阴影"图层"缩放"前的"约束比例" ◯ 按钮，取消约束比例，调整"缩放"左边的参数，如图6-221所示。

06 选中"奶牛阴影"和"飞碟光"图层，分别将中心点移动到这两个图形的中心位置，再将时间指针调整到0:00:00:12的位置，移动它们的位置，使它们和光线的位置相符合，如图6-219所示。

图6-221

147

09 将时间指针调整到0:00:01:12的位置，分别修改"奶牛阴影"和"飞碟光"图层的"缩放"左边的参数，使它们与光线底部的宽度相同，如图6-222所示。

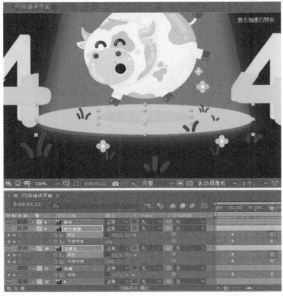

图6-222

10 按P键展开"奶牛阴影"和"飞碟光"图层的"位置"属性，同样在两个时间点添加"位置"关键帧，在0:00:01:12的位置向下移动这两个图形，使图形底部的边缘与光线底部的边缘相重叠，如图6-223所示。

图6-223

11 按U键展开这两个图层的所有关键帧列表，将它们全部选中，按F9键，设置关键帧缓动，并调整运动曲线，如图6-224所示。

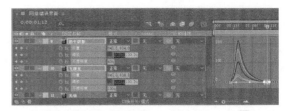

图6-224

3.制作奶牛的运动效果

01 接下来制作奶牛的运动效果。选中"奶牛"图层，分别在0:00:00:12和0:00:01:12的位置添加"位置""缩放""旋转"关键帧，按U键同时展开这些关键帧，如图6-225所示。

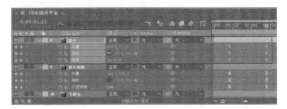

图6-225

02 将时间指针调整到0:00:00:12的位置，向上移动奶牛，同时将其缩小，如图6-226所示。

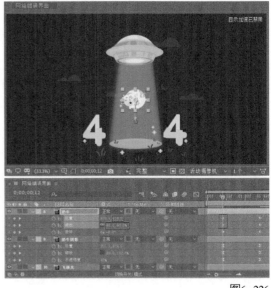

图6-226

03 将时间指针调整到0:00:01:12的位置，向下移动奶牛，同时旋转奶牛，如图6-227所示。

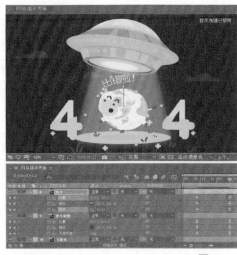

图6-227

04 选中新添加的所有关键帧，按F9键，设置关键帧缓动，并调整运动曲线，调整方法和前文相同。

4.制作文字和花的运动效果

01 选中"出错啦！"图层，同样先在0:00:00:12和0:00:01:12的位置添加"位置""缩放""旋转"关键帧，然后将时间指针调整到0:00:00:12的位置，向上移动并缩小文字，如图6-228所示。

图6-228

02 将时间指针调整到0:00:01:12的位置，向下移动并旋转文字，如图6-229所示。选中所有新添加的关键帧，设置关键帧缓动，并调整运动曲线。

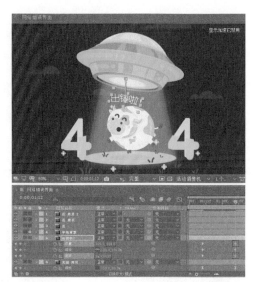

图6-229

03 选中"花""花 拷贝""花 拷贝 2"图层，将时间指针调整到0:00:00:12的位置，按P键展开"位置"，单击"位置"前面的码表◎按钮，添加关键帧。

04 按S键展开"缩放"并添加关键帧，按U键同时展开"位置"和"缩放"，同样在0:00:01:12的位置添加关键帧，如图6-230所示。

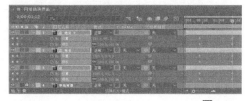

图6-230

05 将时间指针调整到0:00:00:12的位置，修改"缩放"的两个数值为90.0，如图6-231所示。

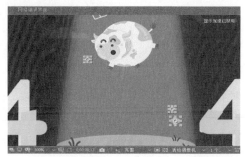

图6-231

图6-231（续）

06 将时间指针调整到0:00:01:12的位置，分别调整3朵花的位置，如图6-232所示。

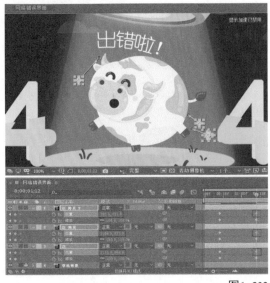

图6-232

07 选中所有新添加的关键帧，设置关键帧缓动，并调整运动曲线，如图6-233所示。

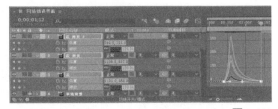

图6-233

08 选中"4"图层，使用"选取工具" ▶，在"合成"窗口拖动数字图形的控制框，将数字拉宽，如图6-234所示。

09 将时间指针调整到0:00:02:12的位置，分别选中每个图层的关键帧，将它们都复制到该位置，如图6-235所示。

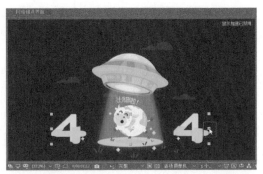

图6-234

图6-235

10 选中所有复制的图层并右击，在弹出的快捷菜单中选择"关键帧辅助"→"时间反向关键帧"选项，将关键帧的运动内容进行反向，如图6-236所示。

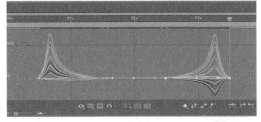

图6-236

11 单击"图表编辑器" ▦按钮，打开图表编辑器，调整运动曲线，将左边的控制柄向右拖动，将右边的控制柄向左拖动，如图6-237所示。

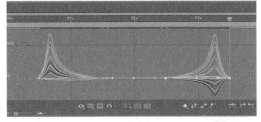

图6-237

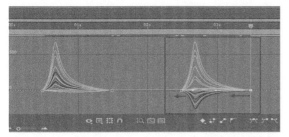

图6-237（续）

12 选中"光线拷贝"图层，分别在0:00:01:12和0:00:02:12的位置修改"缩放"右侧的参数为100.0，稍微将光线拉长，如图6-238所示。

图6-238

13 选中"光线"图层，同样在0:00:01:12和0:00:02:12的位置修改"缩放"右侧的参数为100.0，将内部的光线拉长。

14 调整所有关键帧的位置，将动效的开始时间指针调整到0:00:00:02的位置，并将时间间距缩短一些，再调整工作区域结尾部分，将时间缩短到0:00:02:18，如图6-239所示。网页错误动效制作完成，最终效果如图6-240所示。

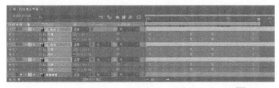

图6-239

图6-240

6.4 习题：网页404动效

源 文 件：第6章 \ 6.4

在线视频：第6章 \ 6.4 习题：网页 404 动效 .mp4

本习题主要练习制作网页404动效。主要是通过添加"位置"关键帧移动眼睛的位置，再打开"表达式：位置"，添加抖动的表达式，制作脸部眼睛的抖动效果，最终效果如图6-241所示。

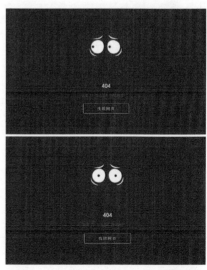

图6-241

第 7 章

手机端的
UI动效设计

随着移动时代的不断发展，手机端UI动效设计也开始被重视了。大多数用户都喜欢简洁、美观且易用的产品，所以用户体验成为整个互联网的"命脉"。为了吸引更多的用户，设计师必须要让软件和应用系统变得更具有个性和品位，让操作变得更加舒适。本章通过实际案例来讲解手机端的UI动效设计。

7.1 App登录动效

在使用某个App之前，几乎都需要先登录其用户账号。本节为读者讲解App登录动效的具体制作方法。

7.1.1 设计分析

在制作App登录动效之前，先简单介绍一下该案例的制作思路和流程。

❖ **案例分析**

登录界面通常较为简洁，一般由App图标、输入账号区域、登录按钮和第三方登录区域组成。输入用户名和密码后，单击登录按钮，这时登录按钮会变为加载效果，加载片刻就会弹出App的界面。在该案例中，需要制作输入用户名和密码动效、按钮动效、加载动效和界面弹出动效。

❖ **色彩分析**

界面中的背景颜色为白色，在白色的基础上加入绿色的按钮和文字，使整体色彩不会太过单一，大量的白色搭配绿色，使界面显得简洁、精美。辅助色为灰色和黄色，使用灰色作为文字信息的颜色，可以将文字和其他内容区分开。

❖ **设计要点**

登录按钮的变化和加载效果，以及登录后的界面弹出方式是整个案例的设计要点。添加相关的关键帧，再对它们进行调整，还需要为关键帧设置缓动效果，并通过"曲线编辑器"调节曲线，使移动速度变化得平滑。

❖ **制作流程**

本案例首先需要通过Illustrator绘制登录界面中的App图标，主要使用"钢笔工具" ✐ 绘制图形的大致形状，再使用"锚点工具" ⌐、"删除锚点工具" ✐ 和"直接选择工具" ▷ 调整图形的锚点，使图形变得平滑，最后使用"椭圆工具" ● 绘制圆形，完成图标的绘制，如图7-1所示。

接着通过Photoshop进行手机界面的整体设计与制作，制作登录界面和登录后的界面，如图7-2所示。

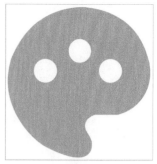

图7-1

图7-2

最后通过After Effects制作动效，登录动效主要通过添加"不透明度""位置""蒙版路径""缩放"关键帧，并对这些关键帧进行调整来实现。输入用户名和密码的动效则需要使用到系统预设的"打字机"效果，最终效果如图7-3所示。

图7-3

图7-3（续）

7.1.2 实战：Illustrator绘制App图标

源 文 件：第7章\ 7.1\ 7.1.2

在线视频：第7章\ 7.1.2 实战：Illustrator绘制App图
标.mp4

在制作App登录动效之前，需要先使用Illustrator绘制
界面中的图标，再将绘制的图标导出为PNG格式的文件，方
便在后面的界面制作中使用。

01 运行Illustrator 2020，新建一个40px×40px的空白文
档。选择工具箱中的"钢笔工具" ，设置"填色"为橙
色（R:247,G:147,B:30），"描边"为无，在画布中绘制图
形，如图7-4所示。

02 绘制完图形后，使用"锚点工具" 将每个锚点的控
制柄调整出来，对图形进行调整，如图7-5所示。

图7-4　　　　　　　　　　图7-5

03 接下来使用"直接选择工具" 调整每个锚点的控制
柄，使图形边缘变得平滑，如图7-6所示。再使用"删除

锚点工具" 单击多余的锚点，将它们删除，再进行调
整，如图7-7所示。

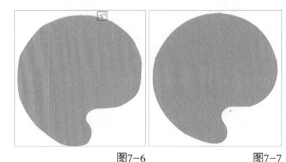

图7-6　　　　　　　　　　图7-7

延伸讲解：调整锚点

在使用"钢笔工具" 的情况下，按住Alt键（切换
为"锚点工具" ）拖动图形上的锚点，可以单独调整
某一侧控制柄的曲线形状，如图7-8所示。按住Ctrl键
（切换为"直接选择工具" ）拖动锚点，可以同时调
整两侧控制柄的曲线形状，如图7-9所示。

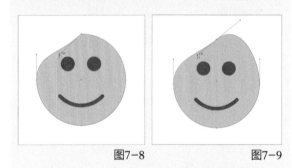

图7-8　　　　　　　　　　图7-9

04 使用"椭圆工具" 在图形上绘制3个白色填充、无
描边的圆形，如图7-10所示。

图7-10

05 选中所有的图形，单击"属性"面板的"路径查找

器"中的"减去顶层"■按钮，可以将所有图形合并为一个完整的图形，如图7-11所示。

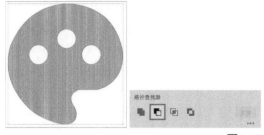

图7-11

06 执行"文件"→"导出"→"导出为"命令，打开"导出"对话框，在"保存类型"的下拉菜单中选择"PNG（*.PNG）"，"文件名"修改为"图标.png"，如图7-12所示。然后单击"导出"按钮，执行操作后，打开"PNG 选项"对话框，设置相关参数，如图7-13所示，单击"确定"按钮，即可导出PNG格式的文件。

图7-12 图7-13

7.1.3 实战：Photoshop设计App登录界面

源 文 件：第7章\ 7.1\ 7.1.3
在线视频：第7章\ 7.1.3 实战：Photoshop设计App登录界面.mp4

绘制好图标后，需要使用Photoshop制作App登录界面。

1.制作登录界面

01 运行Photoshop 2020，执行"文件"→"新建"命令，新建一个750像素×1334像素的空白文档。

02 按Ctrl+R组合键，打开标尺，拖出参考线放置在界面两边，在制作界面内容时不能超出这个参考线，如图7-14所示。

03 使用"椭圆工具"◎在画面上方绘制绿色（R:96,G:202,B:192）填充、无描边的圆形，如图7-15所示。

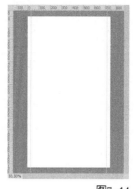

图7-14 图7-15

04 使用"矩形工具"□在圆形右上角绘制矩形，颜色和圆形的颜色相同，如图7-16所示。

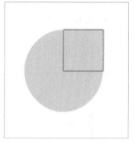

图7-16

05 同时选中圆形和矩形所对应的图层并右击，在弹出的快捷菜单中选择"栅格化图层"选项，将图层栅格化，再按Ctrl+E组合键合并图层，将合并后的图层命名为"图标"，如图7-17所示。

图7-17

06 执行"文件"→"置入嵌入对象"命令，将之前绘制的"图标.png"素材置入文档，移动到绿色图形的位置。将置入的素材图层栅格化并双击图层，打开"图层样式"对话框，勾选"颜色叠加"图层样式，设置叠加颜色为白色，将素材图标修改为白色，如图7-18所示。

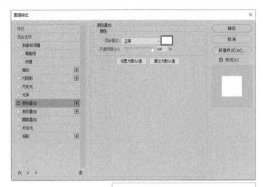

图7-18

07 使用"横排文字工具" T，设置字体为"宋体"，字体大小为"40点"，文本颜色为绿色（R:96,G:202,B:192），在图标的下方输入文字，如图7-19所示。

08 使用"矩形工具" ▢ 在文字下方绘制两个浅蓝色（R:240,G:250,B:247）填充、无描边的矩形，如图7-20所示。

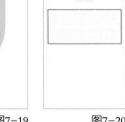

图7-19　　　　　图7-20

09 使用"钢笔工具" ✐，设置"填充"为无，"描边"为绿色（R:96,G:202,B:192），在界面左上角绘制图形，如图7-21所示。

10 使用"横排文字工具" T，修改字体为"黑体"，字体大小为"32点"，文本颜色为浅灰色（R:172,G:172,B:172），在两个矩形的左下角输入文字，如图7-22所示。

图7-21　　　　　图7-22

11 使用"椭圆工具" ◯ 在文字的左边绘制白色填充、浅灰色（R:233,G:230,B:225）描边的小圆形，其描边宽度为"8像素"，如图7-23所示。

12 使用"横排文字工具" T 在下方空白处继续输入文字，再修改文本颜色为绿色（R:56,G:182,B:150），在右边输入"注　册"，如图7-24所示。

图7-23　　　　　图7-24

13 使用"钢笔工具" ✐ 在左边的文字之间绘制浅灰色（R:172,G:172,B:172）直线，在右边文字之间绘制绿色（R:56,G:182,B:150）图形，复制图形两次并移动，如图7-25所示。

14 使用"横排文字工具" T 在下方输入"第三方登录"文字，其字体为"黑体"，字体大小为"28点"，文本颜色为浅灰色（R:172,G:172,B:172），再使用"钢笔工具"在文字左右两边绘制灰色（R:228,G:225,B:222）直线，如图7-26所示。

图7-25　　　　　　　　图7-26

15 执行"文件"→"置入嵌入对象"命令,将"图标素材.jpg"置入文档,移动到"第三方登录"文字下方,如图7-27所示。

16 在"背景"图层的上方新建空白图层,设置前景色为白色,按Alt+Delete组合键为该图层填充白色,如图7-28所示。

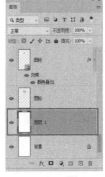

图7-27　　　　　　　　图7-28

17 选中所有图层,按Ctrl+E组合键合并图层,将合并后的图层命名为"登录背景",如图7-29所示。

18 使用"圆角矩形工具" □,在"记住密码"的文字下方绘制绿色(R:103,G:204,B:195)填充、无描边的圆角矩形,其圆角半径为"53像素",在圆角矩形内输入"登录",其字体为"黑体",字体大小为"40点",文本颜色为白色,制作登录按钮,如图7-30所示。

图7-29　　　　　　　　图7-30

19 修改字体大小为"32点",文本颜色为灰色(R:187,G:187,B:187),在两个矩形内输入文字,上方为"请输入用户名",下方为"请输入密码",登录界面的效果如图7-31所示。

图7-31

2. 制作登录后界面

01 制作完登录界面后,接下来制作登录后的界面。隐藏所有登录界面的图层,执行"文件"→"置入嵌入对象"命令,将"头像.jpg"素材置入文档,调整大小移动到界面左上角,如图7-32所示。

02 使用"椭圆选框工具" ○,在头像上创建圆形选区,如图7-33所示。

图7-32　　　　　　　　图7-33

03 选中"头像"图层,按Ctrl+J组合键,复制选区内容到新图层,将新图层改名为"头像",删除之前置入素材的图层,将"头像"图层放置在"背景"图层上方,如图7-34所示。

图7-34

157

04 双击"头像"图层，打开"图层样式"对话框，勾选"描边"图层样式，设置描边参数，其中"颜色"为绿色（R:103,G:220,B:201），为头像添加描边效果，如图7-35所示。

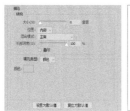 

图7-35

05 使用"椭圆工具" ⃝，在头像右上角绘制黄色（R:255,G:214,B:0）填充、无描边的圆形，在圆形内部输入数字3，如图7-36所示。

06 在头像右侧输入文字，字体为"黑体"，其中上方文字的字体大小为"40点"，文本颜色为绿色（R:25,G:202,B:173），下方文字的字体大小为"25点"，文本颜色为浅灰色（R:195,G:196,B:197），如图7-37所示。将文字图层栅格化，合并为一个图层，命名为"个人介绍"。

图7-36　　　　　　　　　　图7-37

07 继续在下方输入3组文字，其中数字的字体为"Arial"，字体大小为"32点"；文字的字体为"黑体"，字体大小为"27点"，如图7-38所示。将所有的文字图层栅格化，将3组文字合并为3个图层，如图7-39所示。

08 使用"直线工具" ⃫ 在文字间隔的位置绘制浅灰色（R:223,G:222,B:222）直线，直线的"粗细"为"2像素"，如图7-40所示。将直线图层栅格化，并将其与"背景"图层合并为一个图层。

09 使用"横排文字工具" T 在下方空白处输入一段文字，修改字体大小为"26点"，文本颜色为灰色（R:168,G:169,B:170），如图7-41所示。

图7-38　　　　　　　　　　图7-39

图7-40　　　　　　　　　　图7-41

10 将"风景1.jpg"~"风景10.jpg"素材图片添加到文档中，依次放置在界面下方的空白位置，将它们排列整齐，如图7-42所示。

图7-42

11 使用"椭圆工具" ⃝ 在素材图片的右上角绘制绿色（R:25,G:202,B:173）圆形，再使用"圆角矩形工具" ⃝ 在圆形内绘制两个较小的白色圆角矩形，效果如图7-43所示。将两个圆角矩形的图层栅格化并合并，命名为"加号"。

图7-43

图7-46

12 在界面左上角空白处绘制3条灰色（R:157,G:156,B:164）直线，如图7-44所示。同时选中所有直线图层和"背景"图层，按Ctrl+E组合键合并图层，登录后界面的最终效果如图7-45所示。显示登录界面的图层，将文档保存为"登录界面.psd"文件。

图7-44　　　　　　　图7-45

7.1.4　实战：After Effects制作App登录动效

源文件：第7章\ 7.1\ 7.1.4
在线视频：第7章\ 7.1.4 实战：After Effects制作App登录动效.mp4

界面制作完成后，需要在After Effects中制作App登录动效。

1.制作输入密码动效

01 运行After Effects 2020，进入其操作界面。执行"文件"→"导入"→"文件"命令，选择刚才制作的"登录界面.psd"文件，单击"导入"按钮，在打开的对话框中选择"导入种类"，如图7-46所示，然后单击"确定"按钮，将文件导入"项目"面板。

02 双击"项目"面板中的"登录界面"合成，进入该合成中。将该合成的"帧速率"修改为25帧/秒。

03 选择"请输入用户名"图层，按T键展开"不透明度"，在0:00:00:00的位置单击"不透明度"前面的码表按钮，添加关键帧，继续在0:00:00:10的位置添加关键帧，将"不透明度"的数值修改为0，如图7-47所示。

图7-47

04 选中添加的两个关键帧，按F9键，设置关键帧缓动，单击"图表编辑器"按钮，调整运动曲线，让速度由慢变快，如图7-48所示。

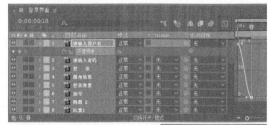

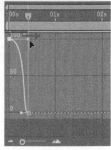

图7-48

05 使用"横排文字工具"![T]，在"请输入用户名"的位置输入文字，文字属性和"请输入用户名"的文字属性相同，这里的文字用×代替，如图7-49所示。

图7-49

06 选中文本图层，按T键展开"不透明度"，在0:00:00:10的位置单击"不透明度"前面的码表![码表]按钮，添加关键帧，继续在0:00:00:06的位置添加关键帧，修改"不透明度"的数值为0，如图7-50所示。

图7-50

07 执行"窗口"→"效果和预设"命令，在"效果和预设"面板中搜索"打字机"，将"打字机"拖动到文字图层上，如图7-51所示，这样系统会自动添加打字效果，也会自动添加相关的关键帧。

图7-51

08 按U键展开所有关键帧，调整"起始"的关键帧，将结尾的关键帧移动到0:00:01:10的位置，让打字的速度变快，如图7-52所示。

图7-52

09 选中"请输入密码"图层，按T键展开"不透明度"，在0:00:01:00的位置添加"不透明度"关键帧；在0:00:01:10的位置将"不透明度"的数值修改为0，使用同样的方法，选中两个关键帧，设置关键帧缓动并调整运动曲线，如图7-53所示。

图7-53

10 选中文本图层，按Ctrl+D组合键复制图层，修改文本内容并移动到"请输入密码"的位置，如图7-54所示。

图7-54

11 按U键展开该图层的所有关键帧，将打字的开始时间指针调整到0:00:01:08的位置，将结束时间的关键帧向前移动到0:00:01:20的位置，如图7-55所示。

图7-55

160

2.制作按钮动效

01 选中"圆角矩形"图层，先使用"钢笔工具" 在圆角矩形的锚点上单击，再使用"选取工具" 框选左侧的锚点，如图7-56所示。

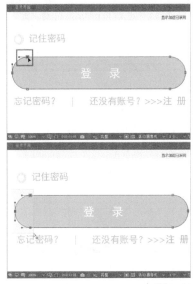

图7-56

02 展开"圆角矩形"图层中的"蒙版"列表，将时间指针调整到0:00:01:27的位置，单击"蒙版路径"前面的码表 按钮，添加关键帧。再将时间指针调整到0:00:02:07的位置，使用同样的方法调整圆角矩形的形状，将圆角矩形修改为圆形，如图7-57所示。

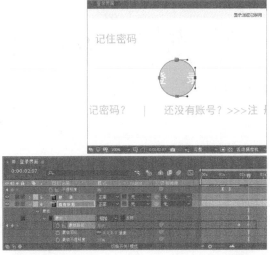

图7-57

03 选中"登录"图层，按T键展开"不透明度"，在0:00:02:02和0:00:02:07的位置添加"不透明度"关键帧，修改0:00:02:07位置的"不透明度"的数值为0，如图7-58所示。

图7-58

04 右击"登录"图层的空白处，在弹出的快捷菜单中选择"新建"→"形状图层"选项，新建形状图层，将该图层移动到"登录"图层的下方。

05 展开"形状图层1"的列表，单击"添加"右侧的 按钮，在列表中选择"椭圆"选项，添加圆形的路径，如图7-59所示。

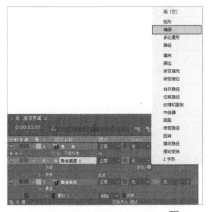

图7-59

06 调整圆形路径的大小和位置，将它移动到登录按钮中间的位置，如图7-60所示。

图7-60

07 继续单击"添加"右侧的 按钮，在列表中选择"描边"选项，添加路径的描边效果，展开"描边1"列表，修改"描边宽度"的数值为8.0，如图7-61所示。

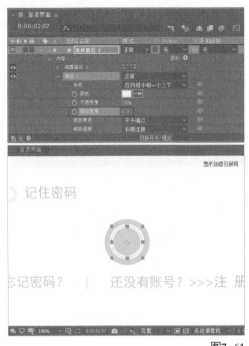

图7-61

08 再次单击"添加"右侧的 按钮，在列表中选择"修剪路径"选项，展开"修剪路径1"列表，将时间指针调整到0:00:02:07的位置，单击"开始"和"结束"前面的码表 按钮，添加关键帧，将"开始"和"结束"的数值都修改为0.0，如图7-62所示。

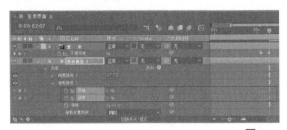

图7-62

09 将时间指针调整到0:00:02:14的位置，将"开始"和"结束"的数值都修改为100.0。选中"结束"的两个关键帧，将它们向后移动，使"开始"和"结束"的时间错开，如图7-63所示，这样就制作了加载按钮的运动效果，如图7-64所示。

图7-63

图7-64

10 按T键展开"形状图层1"的"不透明度"，在0:00:02:05和0:00:02:07的位置添加"不透明度"关键帧，将0:00:02:05的"不透明度"的数值修改为0；再在0:00:02:17和0:00:02:19的位置添加"不透明度"关键帧，将0:00:02:19的"不透明度"的数值修改为0，如图7-65所示。

图7-65

3.制作界面切换动效

01 选中"圆角矩形"图层，使用"向后平移（锚点）工具" 调整圆角矩形的中心点，然后按S键展开"缩放"，在0:00:02:21的位置添加"缩放"关键帧，再将时间指针调整到0:00:03:06的位置，在该位置放大圆角矩形，直到其将整个界面遮盖住，中心点的位置不变，如图7-66所示。

图7-66

02　制作完登录前的界面动效后，选中所有登录前界面的图层并右击，在弹出的快捷菜单中选择"预合成"选项，在打开的"预合成"对话框中修改合成名称，如图7-67所示，单击"确定"按钮。

图7-67

03　选中"登录前界面"图层，按T键展开"不透明度"，在0:00:03:10和0:00:03:15的位置添加"不透明度"关键帧，修改0:00:03:15位置的"不透明度"数值为0，如图7-68所示，这样可以显示出登录后的界面内容。选中新添加的两个关键帧，按F9键设置关键帧缓动。

图7-68

04　选中"头像"图层，按S键展开"缩放"，在0:00:03:12和0:00:03:20的位置添加"缩放"关键帧，修改

0:00:03:12的"缩放"数值都为21.0，缩小头像，如图7-69所示。

图7-69

05　按住Alt键的同时单击"缩放"前面的码表 按钮，打开"表达式：缩放"，添加素材"轻微弹动表达式.txt"文件中的表达式内容，如图7-70所示。添加了表达式后，头像会有轻微弹动的运动效果。

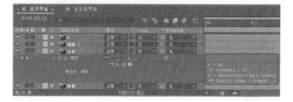

图7-70

06　选中"椭圆1"图层，使用"向后平移（锚点）工具" 调整黄色圆形的中心点，如图7-71所示。

图7-71

07　按S键展开"缩放"，在0:00:04:00和0:00:04:08的位置

添加"缩放"关键帧，修改0:00:04:00的"缩放"数值为0.0，使圆形消失不见，如图7-72所示。

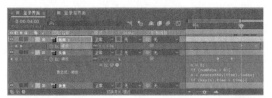

图7-72

08 使用步骤05的方法打开"椭圆1"图层的"表达式：缩放"并添加"轻微弹动表达式.txt"中的表达式。

09 将"3"图层的"父级关联器"◎拖动到"椭圆1"图层中，如图7-73所示，这样数字3会和黄色圆形同时运动，如图7-74所示。

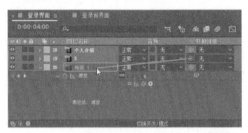

图7-73

图7-74

10 选中"个人介绍"图层，按P键展开"位置"，在0:00:04:21和0:00:05:01的位置添加"位置"关键帧，在0:00:04:21的位置向上移动其内容，如图7-75所示。

图7-75

图7-75（续）

11 按住Shift键的同时按S键展开"缩放"，在0:00:04:21和0:00:05:01的位置添加"缩放"关键帧，在0:00:04:21的位置修改"缩放"数值为115.0，稍微放大文字内容，同时向右移动，如图7-76所示。

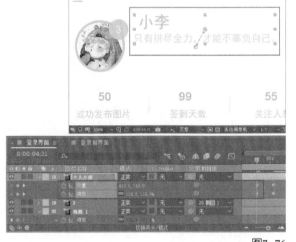

图7-76

12 按住Alt键的同时单击"个人介绍"图层中"缩放"前面的码表◎按钮，打开"表达式：缩放"，添加"轻微弹动表达式.txt"中的表达式，如图7-77所示。

图7-77

13 稍微调整"个人介绍"图层的关键帧，将开始时间调整到0:00:04:15的位置。同时选中"50""99""55"图层，按S键展开"缩放"，在0:00:05:00和0:00:05:06的位置添加"缩放"关键帧，在0:00:05:00位置修改"缩放"数值为138.0，放大图层内容，如图7-78所示。

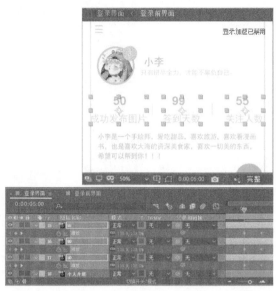

图7-78

14 分别打开这3个图层的"表达式：缩放"，添加"轻微弹动表达式.txt"的内容，如图7-79所示。

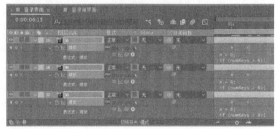

图7-79

15 再次选中这3个图层，按T键展开"不透明度"，在0:00:04:22和0:00:04:23的位置添加"不透明度"关键帧，在0:00:04:22的位置修改"不透明度"数值为0，如图7-80所示。

16 右击这3个图层，在弹出的快捷菜单中选择"关键帧辅助"→"序列图层"选项，在打开的"序列图层"对话框中勾选"重叠"复选框，设置"持续时间"为0:00:09:20，

如图7-81所示，单击"确定"按钮，调整关键帧，错开每个图层的运动时间，如图7-82所示。

图7-80

图7-81

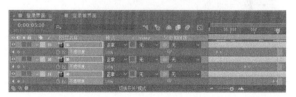

图7-82

17 选中"风景1"~"风景10"图层，按T键展开"不透明度"，在0:00:05:15和0:00:06:00的位置添加"不透明度"关键帧，在0:00:05:15的位置将"不透明度"数值修改为0。

18 按住Shift键的同时按S键，再展开"缩放"，在0:00:05:19和0:00:06:05的位置添加"缩放"关键帧，在0:00:05:19的位置修改"缩放"数值为91.0，如图7-83所示。

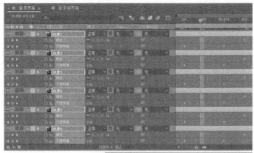

图7-83

图7-84（续）

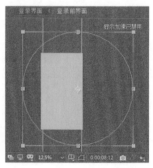

图7-85

[19] 按住Alt键分别单击每个图层中"缩放"前面的码表 按钮，打开它们的"表达式：缩放"，添加"轻微弹动表达式.txt"中的表达式。

[20] 再次选中这些图层并右击，在弹出的快捷菜单中选择"关键帧辅助"→"序列图层"选项，在打开的"序列图层"对话框中勾选"重叠"复选框，设置"持续时间"为0:00:09:20，单击"确定"按钮，错开每个图层的运动时间，如图7-84所示。

[21] 选中"椭圆2"图层，调整绿色圆形的中心点，然后按S键展开"缩放"，在0:00:08:02和0:00:08:12的位置添加"缩放"关键帧，在0:00:08:12的位置放大绿色圆形，直到其将整个界面遮盖住，中心点的位置不变，放大效果如图7-85所示。

[22] 选中"加号"图层，按T键展开"不透明度"，在0:00:08:02和0:00:08:05的位置添加"不透明度"关键帧，修改0:00:08:05的"不透明度"数值为0，如图7-86所示。

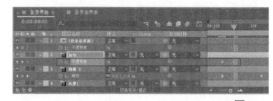

图7-86

[23] 选中登录后界面的所有图层并右击，在弹出的快捷菜单中选择"预合成"选项，在"预合成"对话框中修改"新合成名称"为"登录后界面"，如图7-87所示，单击"确定"按钮。

图7-87

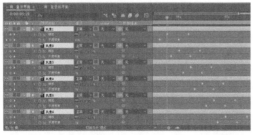

图7-84

24 选中"登录后界面"图层，按T键展开"不透明度"，在0:00:08:20和0:00:09:01的位置添加"不透明度"关键帧，修改0:00:09:01的"不透明度"数值为0，如图7-88所示。

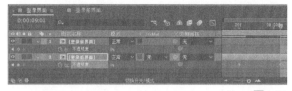

图7-88

25 App登录动效制作完成，将文档进行保存，预览最终效果，如图7-89所示。

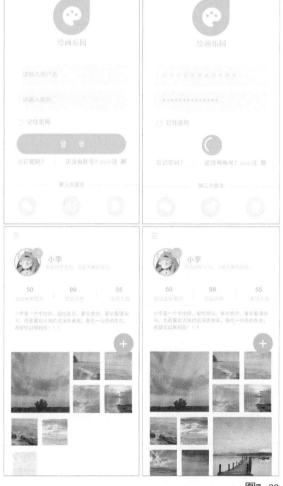

图7-89

7.2 主菜单上滑动效

通过上滑手机屏幕可以显示主菜单的内容。本节为读者讲解手机主菜单上滑动效的具体制作方法。

7.2.1 设计分析

手机主菜单不仅需要灵活、独特的动效，还需要舒适、优美的视觉界面。光有赏心悦目的动效并不能满足用户对产品的需求，还要与界面相结合，界面和动效完美结合才能设计出好的主菜单。在制作主菜单上滑动效之前，先简单介绍一下该案例的制作思路和流程。

❖ **案例分析**

手机主菜单不宜太过单调，在规划布局的同时，也要考虑颜色的搭配。本案例通过多色彩区块的布局让整体呈现舒适、明快的视觉效果，色彩运用较多却不杂乱，搭配合理，界面各个区域的分布也一目了然。界面元素的动效设计大体为从下往上依次出现，井然有序。

❖ **色彩分析**

该界面的色调以冷暖结合为主，画面中的冷色和暖色的分布比例十分均衡。均匀的冷暖分布不会有很强的视觉冲击力，比较舒缓，整体界面的配色给人清新、活泼的感觉。

❖ **设计要点**

设计动效并使界面动效显得灵活是整个案例的要点。需要为关键帧添加缓动效果，并通过"曲线编辑器"调节曲线，改变界面的移动速度。

❖ **制作流程**

本案例首先需要使用Illustrator绘制界面中的图标，主要通过"钢笔工具" 🖊️、"圆角矩形工具" ▣、"矩形工具" ▢、"椭圆工具" ⬤ 和"直线段工具" ／绘制图形，再通过"剪刀工具" ✂️、"直接选择工具" ▷和"选择工具" ▶调整图形，图标效果如图7-90所示。

图7-90

图7-90（续）

图7-93

然后通过Photoshop进行界面的整体设计与制作，先使用参考线规划出大致的界面布局，如图7-91所示；再逐个制作界面每个区域的具体内容，界面由菜单区域、音乐播放区域、时间和天气显示区域、加载条、步行显示构成，如图7-92所示。

图7-91

7.2.2 实战：Illustrator绘制主菜单图标

源 文 件：第7章\ 7.2\ 7.2.2

在线视频：第7章\ 7.2.2 实战：Illustrator绘制主菜单图标.mp4

在制作手机主菜单界面之前，需要先使用Illustrator绘制图标，再将绘制的图形导出为PNG格式的文件，方便在后面的界面制作中使用。

1.绘制首页图标

01 运行Illustrator 2020，新建一个130px×130px的空白文档。选择工具箱中的"钢笔工具" ，在"属性"面板设置"填色"为无，"描边"为灰色（R:77,G:77,B:77），"描边粗细"为8pt，"端点"为"圆头端点"，"边角"为"圆角连接"，在画布中绘制线段，如图7-94所示。

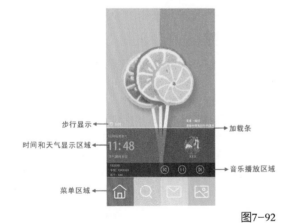

步行显示
时间和天气显示区域
菜单区域

加载条
音乐播放区域

图7-92

最后通过After Effects制作动效，添加关键帧后，界面的运动效果会比较生硬，需要设置关键帧缓动并调整运动曲线才能达到理想的运动效果。在手机界面中，各个区域的弹出速度一般由快变慢，速度逐渐减慢才不会让区域的弹出显得突兀，案例效果如图7-93所示。

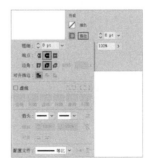

图7-94

168

02 选择工具箱中的"直接选择工具" ▷，拖动顶端锚点下面的圆形 ⊙，将锚点向下拖动，使顶端的直角变得平滑，如图7-95所示。

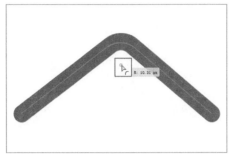

图7-95

03 使用"直接选择工具" ▷调整线段两边锚点的位置，拖动两边的锚点，拉长两边的直线，如图7-96所示，制作屋顶的效果。

04 使用"圆角矩形工具" ▢在线段的下方绘制圆角矩形，如图7-97所示。

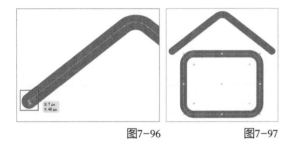

图7-96　　　　　　　　图7-97

05 使用"矩形工具" ▢，设置"端点"为"圆头端点"，"边角"为"圆角连接"，在圆角矩形内绘制矩形，如图7-98所示，首页图标的大致轮廓绘制完成。

06 接下来制作断点部分。使用"剪刀工具" ✂，在屋顶左侧的线段上单击，添加两个锚点并形成线段，如图7-99所示。

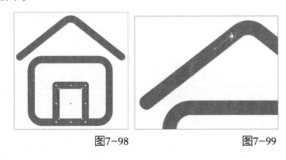

图7-98　　　　　　　　图7-99

延伸讲解：使用"添加锚点工具"制作断点

还可以使用"添加锚点工具" ✎制作断点。使用"添加锚点工具" ✎在线段上添加3个锚点，如图7-100所示。切换到"直接选择工具" ▷，选中中间的锚点，如图7-101所示，按Delete键将锚点删除，如图7-102所示。

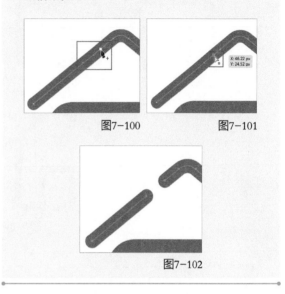

图7-100　　　　　　图7-101

图7-102

07 使用"选择工具" ▶选中该线段，如图7-103所示。按Delete键将线段删除，如图7-104所示。

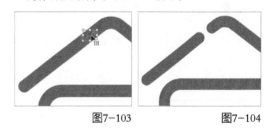

图7-103　　　　　　图7-104

08 使用步骤07的方法，继续添加锚点并删除线段，效果如图7-105所示。

图7-105

09 使用"剪刀工具" ✂，单击矩形上部分的两个锚点，如图7-106所示。再使用"选择工具" ▶ 选中上部分的矩形线段，如图7-107所示。按Delete键将其删除，向上稍微调整矩形的位置，如图7-108所示，首页图标绘制完成。

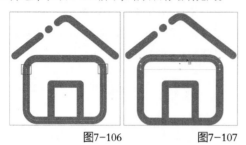

图7-106　　　　　图7-107

图7-108

提示

绘制完一个图标后，按Ctrl+S组合键将其保存，保存为AI格式即可。

2.绘制搜索图标

01 新建一个130px×130px的空白文档。使用"椭圆工具" ⬭，设置"填充"为无，"描边"为灰色（R:77,G:77,B:77），"描边粗细"为8pt，在画布中绘制圆形，如图7-109所示。

02 使用"直线段工具" ╱，设置"端点"为"圆头端点"，"边角"为"圆角连接"，在圆形的右下角绘制直线段，如图7-110所示。

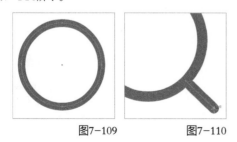

图7-109　　　　　图7-110

03 接下来制作图形的断点。使用"剪刀工具" ✂，在直线上单击两个锚点，形成线段，如图7-111所示；然后使用"选择工具" ▶ 选中该线段，按Delete键将其删除，如图7-112所示。

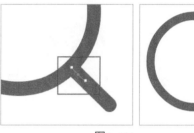

图7-111　　　　　图7-112

04 使用步骤03的方法，在圆形的左上角制作断点，效果如图7-113所示，搜索图标绘制完成。

图7-113

3.绘制相册图标

01 新建一个130px×130px的空白文档。使用"圆角矩形工具" ▢ 在画布中绘制圆角矩形，如图7-114所示。

02 使用"钢笔工具" ✐ 在圆角矩形内绘制线段，如图7-115所示。

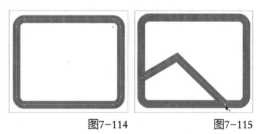

图7-114　　　　　图7-115

03 使用"选择工具" ▶ 选中该线段，设置"边角"为"圆角连接"，然后继续在圆角矩形内部绘制直线，如图7-116所示。

04 使用"椭圆工具"  在直线上方绘制一个较小的圆形,如图7-117所示。

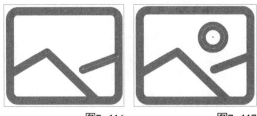

图7-116　　　　　　　　　图7-117

05 使用"选择工具" ▶ 选中圆角矩形,将它的"端点"设置为"圆头端点",再使用"剪刀工具" ✂ 在圆角矩形顶端的边上制作断点,相册图标绘制完成,如图7-118所示。

图7-118

4.绘制邮件图标

01 绘制邮件图标的方法与前文的方法相同。新建与前文同样大小(130px×130px)的空白文档,使用"圆角矩形工具" ▢,设置"填充"为无,"描边"为灰色(R:77,G:77,B:77),"描边粗细"为8pt,在画布中绘制圆角矩形,如图7-119所示。

02 使用"钢笔工具" ✒ 在圆角矩形内部绘制线段,如图7-120所示。将线段的端点设置为圆头,边角设置为圆角,如图7-121所示。

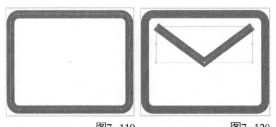

图7-119　　　　　　　　　图7-120

03 使用"剪刀工具" ✂,在圆角矩形上边单击,形成线段,制作断点,效果如图7-122所示,邮件图标绘制完成。

图7-121　　　　　　　　　图7-122

5.绘制步数图标

01 使用"钢笔工具" ✒,设置"填充"为无,"描边"为灰色(R:77,G:77,B:77),"描边粗细"为5pt,在画布中绘制图形,如图7-123所示。

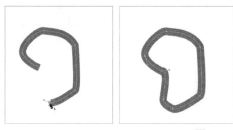

图7-123

02 使用"直接选择工具" ▷,分别选中图形的各个锚点,调整锚点的手柄,使曲线更平滑,如图7-124所示。

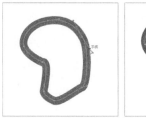

图7-124

03 脚掌的部分绘制完成,接下来绘制脚趾的部分。使用"椭圆工具" ◯ 绘制4个圆形,最终效果如图7-125所示,步数图标绘制完成。

图7-125

171

6.导出素材

01 将所有的素材图标绘制完成后，需要将全部的素材导出为PNG格式的文件，方便后面的使用。在导出之前需要将所有的图标描边颜色都设置为白色，为了方便查看图形，先将背景色设置为深灰色，如图7-126所示。

图7-126

02 切换到首页图标的文档，隐藏背景图层。执行"文件"→"导出"→"导出为"命令，将该图形导出为PNG格式的文件，在打开的"PNG 选项"对话框中设置"背景色"为"透明"，如图7-127所示，文件名为"首页图标.png"。

图7-127

03 使用相同的方法，导出其他图标的PNG格式的文件，如图7-128所示。

图7-128

7.2.3 实战：Photoshop设计主菜单界面

源 文 件：第7章\ 7.2\ 7.2.3

在线视频：第7章\ 7.2.3 实战：Photoshop设计主菜单界面.mp4

绘制好图标后，需要使用Photoshop制作主菜单界面。

1.制作菜单区域

01 运行Photoshop 2020，执行"文件"→"打开"命令，打开"背景.jpg"素材，如图7-129所示。

02 在开始制作手机菜单界面之前，先规划一下布局。执行"视图"→"标尺"命令，打开标尺，在画面中放置参考线，如图7-130所示。

图7-129　　　　　　　　　图7-130

03 使用"矩形工具" □ 在界面左下角绘制玫红色（R:237,G:106,B:139）填充、无描边的矩形，如图7-131所示。

04 执行"文件"→"置入嵌入对象"命令，置入"首页图标.png"素材，调整位置，将其放置在矩形的上方，如图7-132所示。

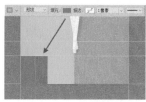 

图7-131　　　　　　　　　图7-132

05 单击"图层"面板底部的"创建新组" □ 按钮，创建图层组，命名为"首页"，将"矩形1"图层和"首页图标"图层拖曳到该图层组,如图7-133所示。

06 使用相同的方法,再绘制一个橙色(R:250,G:205,B:171)填充、无描边的矩形,并置入"搜索图标.png"素材,如图7-134所示。同样新建"搜索"图层组,将所有相关图层拖曳到该图层组。

图7-133

图7-134

延伸讲解:将内容转换为光栅图像

如果要在文字图层、形状图层、矢量蒙版或智能对象等包含矢量数据的图层,以及填充图层上使用绘画工具或滤镜,应先将图层栅格化,使图层中的内容转换为光栅图像,然后才能进行编辑。执行"图层"→"栅格化"下拉菜单中的命令可以栅格化图层中的内容,如图7-135所示。

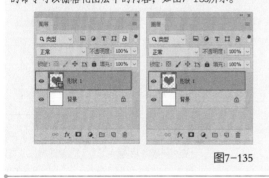

图7-135

07 绘制第3个矩形,填充颜色为浅蓝色(R:157,G:218,B:243),并置入"邮件图标.png"素材,将相关图层拖曳到新建的"邮件"图层组,如图7-136所示。

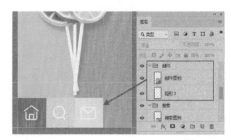

图7-136

08 绘制第4个矩形,填充颜色为蓝色(R:82,G:195,B:204),并置入"相册图标.png"素材,将相关图层拖曳到新建的"相册"图层组,如图7-137所示。

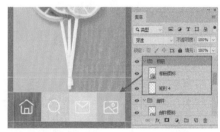

图7-137

2.制作音乐播放区域

01 使用"矩形工具" ▢,设置"填充"为深蓝色(R:27,G:24,B:41),"描边"为无,在图标的上方绘制长条矩形,如图7-138所示。

02 选中长条矩形的图层并右击,在弹出的快捷菜单中选择"栅格化图层"选项,将该矩形图层栅格化,如图7-139所示。

图7-138   图7-139

03 在"图层"面板中将该矩形图层的"不透明度"设置为85%,如图7-140所示。

173

图7-140

04 在长条矩形的右侧分别置入资源文件中的"上一首图标.png""暂停图标.png"和"下一首图标.png"素材，调整它们的大小和位置，如图7-141所示。

05 使用"横排文字工具" T，设置字体为"黑体"，字体大小为"60点"，字体颜色为白色，在长条矩形的左侧输入歌曲信息，如图7-142所示。

图7-141

图7-142

06 将音乐播放区域相关的图层放置在同一图层组中，将图层组命名为"歌曲"。

3.制作时间和天气显示区域

01 使用"矩形工具" □ 在音乐播放的上方绘制深蓝色（R:57,G:53,B:70）填充、无描边的矩形，如图7-143所示。

02 将该矩形图层栅格化，并设置图层"不透明度"为71%，如图7-144所示。

图7-143

图7-144

03 使用"横排文字工具" T，在时间和天气显示区域输入时间、天气等文本，如图7-145所示。

图7-145

04 按Ctrl+O组合键，打开资源文件中的"专辑封面.jpg"素材，如图7-146所示。

05 将素材拖动到文档中，按Ctrl+T组合键调整其大小，移动到合适的位置，如图7-147所示。

图7-146

图7-147

06 使用"椭圆选框工具" ○ 在素材中创建圆形选区，如图7-148所示。

图7-148

07 按Ctrl+J组合键，复制素材图层，隐藏素材图层，显示复制的图层，可以发现此时复制的图层中素材图片变成了圆形，如图7-149所示。

08 将原来的素材图层删除。新建图层组，命名为"时间天气"，将时间和天气显示区域的所有图层拖动到该图层组中，如图7-150所示。

图7-149　　　　　　图7-150

4. 制作其他区域

01 使用"矩形工具" □，在时间和天气显示区域的上方绘制一条白色长线，如图7-151所示。

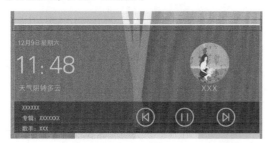

图7-151

02 将该形状图层栅格化，并新建"线条"图层组，把白色线条图层拖动到该图层组中。

03 执行"文件"→"置入嵌入对象"命令，置入"步数图标.png"素材，调整位置，将其移动到线条上方左侧的位置，如图7-152所示。

图7-152

04 在步数图标的右侧输入步数文本，如图7-153所示。新建"步数"图层组，把相关图层拖动到该图层组中，如图7-154所示。

图7-153　　　　　　图7-154

05 在右侧输入一段优美的句子，新建"句子"图层组，并将该文本图层拖动到"句子"图层组中，最终效果如图7-155所示。将文档保存为"界面.psd"文件。

图7-155

7.2.4　实战：After Effects制作主菜单上滑动效

源 文 件：第7章\ 7.2\ 7.2.4

在线视频：第7章\ 7.2.4 实战：After Effects制作主菜单上滑动效.mp4

　　主菜单界面制作完成后，需要在After Effects中制作主菜单上滑动效。

1.制作菜单区域动效

01 运行After Effects 2020，进入其操作界面。执行"文件"→"导入"→"文件"命令，导入"界面.psd"文件。

02 导入文件之前会打开对应的设置对话框，在该对话框中将"导入种类"设置为"合成"，"图层选项"设置为"可编辑的图层样式"，然后单击"确定"按钮，如图7-156所示。

图7-156

03 进入操作界面后，双击进入"界面"合成，选中"首页""搜索""邮件"和"相册"图层，按P键展开"位置"，将时间指针调整到0:00:01:00的位置，单击"位置"前面的码表◎按钮，添加关键帧，如图7-157所示。

图7-157

04 将时间指针调整到0:00:00:00的位置，添加"位置"关键帧，如图7-158所示。

图7-158

延伸讲解：调整时间刻度的显示

拖动时间导航器的开始或结束位置可以放大或缩小时间刻度，这里的放大和缩小是指显示时间段的精确程度。缩小到一定程度后，时间标尺开始以帧为单位显示时间段，此时可以进行更加精确的操作，如图7-159所示。

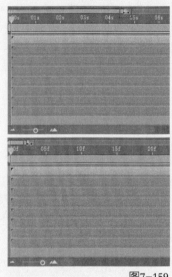

图7-159

05 在0:00:00:00的位置，向下移动4个图标，移动到画面外，如图7-160所示。

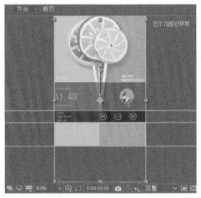

图7-160

06 选中所有关键帧，按F9键，设置关键帧缓动，如图7-161所示。

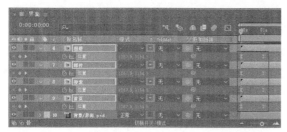

图7-161

[07] 单击"图表编辑器"▣按钮，进入"图表编辑器"，调整运动曲线，使图标的运动速度逐渐减慢，如图7-162所示。

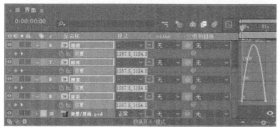

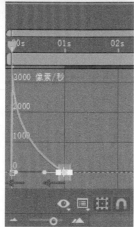

图7-162

[08] 将每个图层的关键帧依次错开，使图标达到依次出现的效果，如图7-163所示。

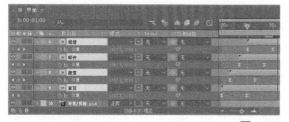

图7-163

图7-163（续）

2.制作音乐播放区域动效

[01] 将"歌曲"图层的开始位置拖动到0:00:02:00的位置，如图7-164所示。

图7-164

[02] 使用"矩形工具"▣在音乐区域绘制蒙版，如图7-165所示。

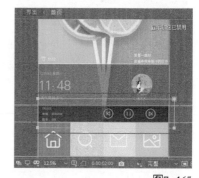

图7-165

延伸讲解：蒙版的运用

蒙版实际是用路径工具绘制的一个路径或轮廓图，用于修改图层的Alpha通道。它位于图层之上，对于运用了蒙版的图层，将只有蒙版里面部分的图像显示在合成图像中，如图7-166所示。

图7-166

提示

添加完关键帧后，可以适当将"歌曲"图层稍微向左移动，使界面出现得更自然。

05 选中"歌曲"图层的所有关键帧，按F9键，设置缓动关键帧，如图7-170所示。

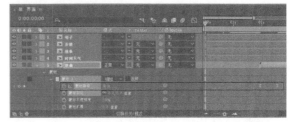

图7-170

06 单击"图表编辑器" 按钮，进入"图表编辑器"，调整运动曲线，如图7-171所示，使"歌曲"图层的动效逐渐减慢。

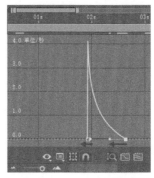

图7-171

提示

若是觉得动效时间太短，可以拉长两个关键帧之间的距离；若是觉得动效时间太长，可以缩短两个关键帧之间的距离。

03 将时间指针调整到0:00:02:00的位置，单击"蒙版路径"前的码表 按钮，添加关键帧，再将时间指针调整到0:00:02:16的位置并添加"蒙版路径"关键帧，如图7-167所示。

图7-167

04 在0:00:02:00的位置将蒙版路径向下移动，直至界面的外部，如图7-168所示。制作音乐区域从下往上出现的动效，如图7-169所示。

3.制作时间和天气显示区域动效

01 将"时间天气"图层的开始位置拖动到0:00:02:12的位置，如图7-172所示。

02 使用"矩形工具" 在时间和天气显示区域绘制蒙版，并在0:00:02:12和0:00:03:00的位置添加"蒙版路径"关键帧，如图7-173所示。

图7-168

图7-169

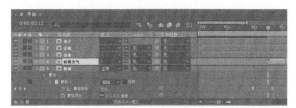

图7-172

图7-173

03 将0:00:02:12的蒙版路径向下移动，移至音乐播放区域的位置，如图7-174所示。

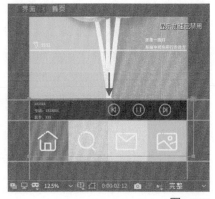

图7-174

04 选中两个关键帧，按F9键，设置关键帧缓动，调整运动曲线，曲线效果和运动效果如图7-175所示。

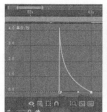

图7-175

4.制作加载条动效

01 将"线条"图层的开始时间拖动到0:00:03:00的位置，如图7-176所示。

图7-176

02 选中"线条"图层，按P键展开"位置"，在0:00:03:00和0:00:04:00的位置添加"位置"关键帧，如图7-177所示。

图7-177

03 选中0:00:03:00的关键帧，将界面中的线向左移动，移至界面外部，移动的位置和线条运动效果如图7-178所示。

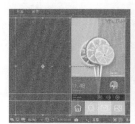

图7-178

04 此时可以发现线条看起来比较生硬，选中"线条"图层，按Ctrl+D组合键复制该图层。

05 选中复制的图层，在"效果和预设"面板找到"快速模糊（旧版）"效果，如图7-179所示。

图7-179

提示

也可以在菜单栏中执行"效果"→"过时"→"快速模糊"命令。

06 双击"快速模糊（旧版）"效果，在"项目"面板设置"模糊度"为33.0，如图7-180所示。此时线条看起来自然了许多，如图7-181所示。

图7-180　　　　图7-181

5.制作其他动效

01 接下来制作步数图标和文字的动效。同时选中"步数"图层和"句子"图层，将两个图层拖动到线条运动时间结束的位置，如图7-182所示。

图7-182

02 按P键展开"位置"，将时间指针调整到0:00:05:03的位置，单击"位置"属性左侧的码表◉按钮，添加关键帧，如图7-183所示。

图7-183

03 在两个图层内容开始的位置再添加"位置"关键帧，如图7-184所示。

图7-184

04 选中"句子"图层的第1帧，将句子文本向右移动，移至界面外部，如图7-185所示。

05 选中"步数"图层的第1帧，将步数图标向左移动，移至界面外部，如图7-186所示。

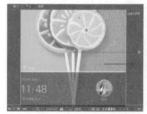

图7-185　　　　　图7-186

06 选中"步数"图层和"句子"图层的所有关键帧，按F9键，设置关键帧缓动，如图7-187所示。

图7-187

07 单击"图表编辑器"◉按钮，进入"图表编辑器"，调整运动曲线，让移动速度由快变慢，曲线和运动效果如图7-188所示。

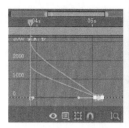

图7-188

⑧ 主菜单上滑动效制作完成，将文档进行保存，预览最终效果，如图7-189所示。

图7-189

7.3 来电弹窗动效

弹窗模式的来电提示通常不会妨碍正在进行的操作。本节为读者讲解来电弹窗动效的具体制作方法。

7.3.1 设计分析

在制作来电弹窗动效之前，先简单介绍一下该案例的制作思路和流程。

❖ **案例分析**

来电弹窗的界面效果需要保持干净和简约，不要把太多东西挤在一个弹窗里。来电弹窗一般由头像、来电人姓名、电话号码、接通来电按钮和拒绝来电按钮组成。在该案例中，弹窗的入场方式、来电中的弹窗效果、接通来电后切换页面的过程都需要制作动效。

❖ **色彩分析**

来电弹窗的背景颜色为白色，红色和绿色是来电按钮的标准颜色。手机背景界面和头像都使用了紫色调，其他颜色也是邻近色，这样搭配使得背景和头像的效果较为丰富，再结合来电弹窗，从视觉上看也会比较和谐。

❖ **设计要点**

来电弹窗的入场方式，以及来电中的弹窗动效是整个案例的设计要点。将来电弹窗中的所有内容都链接在一起，添加相关的关键帧，再对它们进行调整，还需要为关键帧设置缓动效果，平滑移动速度。来电中头像会弹动并出现波纹的效果，设计该动效，需要添加"缩放"关键帧，波纹的制作则需要使用到"椭圆工具" ◙。

❖ **制作流程**

本案例首先需要通过Illustrator绘制相关的按钮，主要使用到"椭圆工具" ◙、"钢笔工具" ✐、"圆角矩形工具" ▣、"矩形工具" ▣、"多边形工具" ◉、"弧形工具" ╱和"直线段工具" ╱进行绘制，再使用"锚点工具" ▷、"直接选择工具" ▷、"剪刀工具" ✂，以及路径查找器进行调整，按钮效果如图7-190所示。

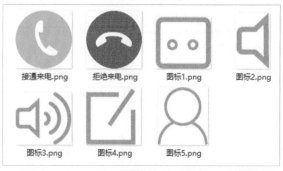

图7-190

接着通过Photoshop进行界面的整体设计与制作，制作来电弹窗界面和通话中界面，如图7-191所示。

图7-191

最后通过After Effects制作动效,来电弹窗动效主要通过添加"位置""旋转""缩放""不透明度"关键帧,对这些关键帧进行调整,最终效果如图7-192所示。

图7-192

7.3.2 实战: Illustrator绘制来电图标

源　文　件:	第7章\ 7.3\ 7.3.2
在线视频:	第7章\ 7.3.2 实战: Illustrator绘制来电图标.mp4

在制作来电弹窗动效之前,需要先使用Illustrator绘制来电按钮,再将绘制的按钮导出为PNG格式的文件,方便在后面的界面制作中使用。

1.绘制电话图标

01 运行Illustrator 2020,新建一个200px×200px的空白文档。使用"椭圆工具" ⬭ 在画布中绘制绿色(R:22,G:198,B:26)填充、无描边的圆形,如图7-193所示。

02 选择工具箱中的"钢笔工具" ✐ ,设置"填色"为白色,"描边"为无,在圆形内绘制图形,如图7-194所示。

图7-193

图7-194

03 使用"锚点工具" ⊾ 拖出各个锚点的控制柄,再使用"直接选择工具" ⊳ 调整控制柄,使图形的边缘变得平滑,如图7-195所示。

图7-195

04 执行"文件"→"导出"→"导出为"命令,将该图形导出为PNG格式的文件,如图7-196所示,文件名为"接通来电.png"。

05 修改圆形的"填色"为红色（R:236,G:0,B:0），再旋转圆形内的图形并调整位置，如图7-197所示。

图7-196　　　　　　　　　图7-197

06 执行"文件"→"导出"→"导出为"命令，将该图形导出为PNG格式的文件，文件名为"拒绝来电.png"。

2.绘制其他图标

01 新建一个120px×120px的空白文档。选择工具箱中的"圆角矩形工具" ▣，设置"填色"为白色，"描边"为灰色（R:127,G:127,B:127），描边宽度为5pt，在画布中绘制圆角矩形，调整其圆角半径，如图7-198所示。

02 修改描边宽度为3pt，在圆角矩形内绘制两个圆形，如图7-199所示。将该图形导出为PNG格式的文件，文件名为"图标1.png"。

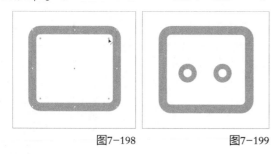

图7-198　　　　　　　　　图7-199

03 新建一个120px×120px的空白文档，使用"圆角矩形工具" ▣，在画布中绘制白色填充、灰色（R:127,G:127,B:127）描边的圆角矩形，其描边宽度为4pt，如图7-200所示。

04 使用"多边形工具" ▣在圆角矩形右边绘制三角形，在绘制的过程中按键盘上的↓方向键调整图形边数，如图7-201所示。

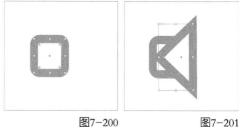

图7-200　　　　　　　　　图7-201

05 选中两个图形，单击"属性"面板"路径查找器"中的"联集" ▣按钮，将两个图形合并，如图7-202所示。将该图形导出为PNG格式的文件，文件名为"图标2.png"。

图7-202

06 选择工具箱中的"弧形工具" ╱，设置"填色"为无，"描边"为灰色（R:127,G:127,B:127），描边粗细为4pt，修改"端点"为圆头端点，在图形右边绘制弧形，再使用"直接选择工具" ▷调整弧形的控制柄，如图7-203所示。

07 将弧形复制两份，分别调整它们的大小和位置，绘制图7-204所示的图形，将该图形导出为PNG格式的文件，文件名为"图标3.png"。

图7-203　　　　　　　　　图7-204

08 新建一个120px×120px的空白文档，使用"矩形工具" ▣在画布中绘制白色填充、灰色（R:127,G:127,B:127）描边的矩形，其描边宽度为5pt，在矩形的右上角再绘制一个白色填充、无描边的矩形，如图7-205所示。

09 使用"直线段工具" ╱在矩形右上角绘制直线，如图7-206所示，将该图形导出为PNG格式的文件，文件名为"图标4.png"。

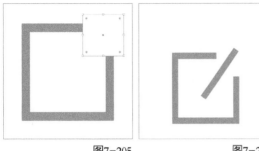

图7-205　　　　　　　　图7-206

⑩ 新建一个空白文档，使用"椭圆工具"⬭，设置"填色"为白色，"描边"为灰色（R:127,G:127,B:127），描边宽度为3pt，在画布中绘制一大一小两个圆形，如图7-207所示。再使用"矩形工具"▭在大圆形下方绘制白色矩形，如图7-208所示。

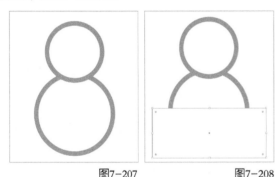

图7-207　　　　　　　　图7-208

⑪ 选中大圆形和白色矩形，单击"路径查找器"中的"减去顶层"▣按钮，得到图7-209所示的图形。

图7-209

⑫ 调整图层位置，使小圆形在大圆形的上面。使用"剪刀工具"✂单击底部的两个锚点，再使用"直接选择工具"▷选中底部的线段，按Delete键删除，得到图7-210所示的图形。将该图形导出为PNG格式的文件，文件名为"图标5.png"。

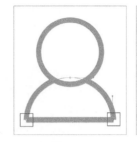

图7-210

7.3.3　实战：Photoshop设计来电弹窗

源 文 件：第7章\ 7.3\ 7.3.3

在线视频：第7章\ 7.3.3 实战：Photoshop设计来电弹窗.mp4

绘制好图标后，需要使用Photoshop设计来电弹窗。

1.制作来电弹窗

① 运行Photoshop 2020，执行"文件"→"新建"命令，新建一个750像素×1334像素的空白文档。

② 执行"文件"→"置入嵌入对象"命令，将"界面背景.jpg"素材置入文档，如图7-211所示。

③ 新建图层，设置前景色为黑色，按Alt+Delete组合键填充黑色，将该图层的"不透明度"修改为68%，修改图层名称为"半透明背景"，界面效果如图7-212所示。

图7-211　　　　　　　　图7-212

04 使用"圆角矩形工具" ▢ 在中间位置绘制白色填充、无描边的圆角矩形,其圆角半径为"10像素",如图7-213所示。

05 执行"文件"→"置入嵌入对象"命令,再将"头像.jpg"素材置入文档,使用"椭圆选框工具" ◯ 在头像上创建圆形选区,如图7-214所示。

图7-213   图7-214

06 按Ctrl+J组合键,复制选区内容到新图层,将新图层改名为"头像",删除之前置入素材的图层,界面效果如图7-215所示。

07 使用"横排文字工具" Ｔ,设置字体为"黑体",字体大小为"43点",文本颜色为黑色,在头像下方输入文字,修改字体大小为"31点",继续在下方输入文字,并修改该文本图层的"不透明度"为51%,文字效果如图7-216所示。

图7-215   图7-216

08 修改字体为"Arial",字体大小为"45点",继续在文字下方输入内容,如图7-217所示。

09 按Ctrl+O组合键打开之前绘制的"接通来电.png"和"拒绝来电.png"素材,将它们拖动到文档中,调整大小和位置,并调整图层"不透明度"为80%,如图7-218所示。

图7-217   图7-218

10 单击"图层"面板底部的"创建新组" ▢ 按钮,创建图层组并命名为"来电弹窗",将所有的图层包括"背景"图层都移动到该组中。

2.制作通话中界面

01 创建一个图层组,命名为"通话中",如图7-219所示,下面制作的图层内容都放置在该组中。

02 创建图层,命名为"背景",设置前景色为白色,按Alt+Delete组合键填充白色。选中"来电弹窗"图层组中的"头像"图层,按Ctrl+J组合键复制得到"头像 拷贝"图层,将该图层移动到"通话中"图层组,调整位置,界面效果如图7-220所示。

图7-219   图7-220

03 使用"横排文字工具" T.在头像下方输入文字，如图 7-221所示。复制"来电弹窗"图层组中的"拒绝来电"图层，将其移动到该组，调整位置，修改图层"不透明度"为100%，界面效果如图7-222所示。

图7-221　　　　　　图7-222

04 执行"文件"→"置入嵌入对象"命令，再将"图标1.png"～"图标5.png"素材置入文档，调整它们的位置，如图7-223所示。

05 使用"直线工具" 在图标空白处绘制两条灰色（R:127,G:127,B:127）直线，其"粗细"为"5像素"，如图7-224所示。

图7-223　　　　　　图7-224

06 选中所有图标和直线图层，按Ctrl+E组合键将它们合并为一个图层，命名为"图标"，如图7-225所示。通话中的界面制作完成，如图7-226所示。

07 隐藏"通话中"图层组，只显示"来电弹窗"图层组，最后置入"状态栏.png"素材，移动到界面顶端，如图7-227所示。将文档保存为"来电弹窗.psd"文件。

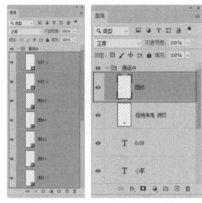

图7-225

图7-226　　　　　　图7-227

7.3.4　实战：After Effects制作来电弹窗动效

源　文　件：第7章\ 7.3\ 7.3.4

在线视频：第7章\ 7.3.4 实战：After Effects制作来电弹窗动效.mp4

来电弹窗制作完成后，需要在After Effects中制作来电弹窗动效。

1.制作弹窗入场动效

01 运行After Effects 2020，进入其操作界面。执行"文件"→"导入"→"文件"命令，选择刚才制作的"来电弹窗.psd"文件，单击"导入"按钮，在打开的对话框中选择"导入种类",如图7-228所示,然后单击"确定"按钮,将文件导入"项目"面板中。

图7-228

⓪2 双击"项目"面板中的"来电弹窗"合成,进入该合成中。将该合成的"帧速率"修改为30帧/秒。再双击"时间轴"面板中的"来电弹窗"合成图层,进入该合成中,如图7-229所示。

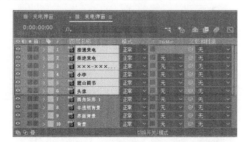

图7-229

⓪3 选中图7-230所示的所有图层,将其中一个图层的"父级关联器"◎拖动到"圆角矩形1"图层中,如图7-231所示,这样可以让这些图层都跟随"圆角矩形1"运动。

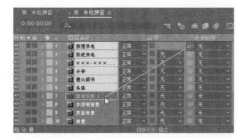

图7-230

图7-231

⓪4 选中"圆角矩形1"图层,按P键展开"位置",在0:00:00:25和0:00:01:01的位置添加"位置"关键帧,如图7-232所示。

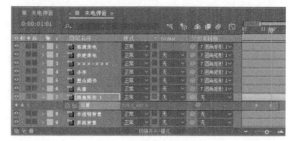

图7-232

⓪5 选中0:00:00:25的关键帧,向上拖动圆角矩形,如图7-233所示。

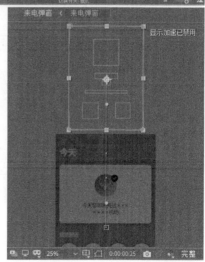

图7-233

⓪6 选中0:00:01:01的关键帧,稍微向下移动圆角矩形。按住Shift键的同时按R键,展开"旋转",将时间指针调整到0:00:01:01的位置,单击"旋转"前面的码表◎按钮,添加关键帧,再向右旋转圆角矩形,如图7-234所示。

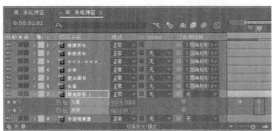

图7-234

07 将时间指针调整到0:00:01:07的位置，向上移动圆角矩形，调整到开始的位置，再调整"旋转"数值，向左旋转圆角矩形，如图7-235所示。

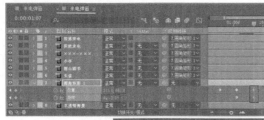

图7-235

08 将时间指针调整到0:00:01:14的位置，稍微向下移动圆角矩形，并调整旋转角度为0°，如图7-236所示。

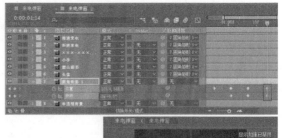

图7-236

09 选中所有关键帧，按F9键，设置关键帧缓动，然后选中"位置"的中间两个关键帧，按住Ctrl键的同时单击关键帧，将这两个关键帧变为圆形，这样运动起来更加平滑，如图7-237所示。

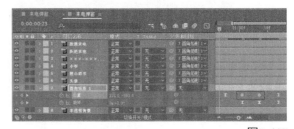

图7-237

2.制作头像弹动效果

01 将时间指针调整到0:00:01:25的位置，使用"椭圆工具" ◉，设置"填充"为蓝色（R:145,G:210,B:229），"描边"为无，在头像的位置绘制一个圆形，再使用"向后平移（锚点）工具" ▦调整它的中心点，如图7-238所示。

图7-238

图7-241

02 按Alt+[组合键,将0:00:01:25之前的内容都删除,如图7-239所示,先隐藏该形状图层。

图7-239

03 选中"头像"图层,按S键展开"缩放",在0:00:01:25的位置添加"缩放"关键帧。

04 将时间指针移动到0:00:02:05的位置,修改"缩放"数值为85.0;继续调整时间位置和数值,在0:00:02:14的位置,修改"缩放"数值为110.0;在0:00:02:23的位置,修改"缩放"数值为95.0;在0:00:03:03的位置,修改"缩放"数值为102.0;最后在0:00:03:12的位置,修改"缩放"数值为100.0,如图7-240所示。

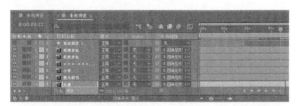

图7-240

05 选中所有关键帧,按F9键,设置关键帧缓动,制作头像弹动的效果,如果觉得头像的弹动速度太慢,可以将关键帧之间的距离缩短,如图7-241所示。

06 选中第1个关键帧,单击"图表编辑器" ⬛按钮,调整运动曲线,如图7-242所示。

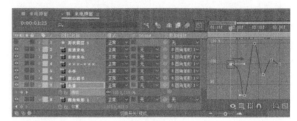

图7-242

07 将"形状图层1"图层移动到"头像"图层下方,选中并显示"形状图层1",将该图层的开始位置调整到0:00:02:05,按S键展开"缩放",在0:00:02:05的位置添加"缩放"关键帧,然后将时间指针调整到0:00:03:00的位置,放大圆形,如图7-243所示。

图7-243

08 选中"圆角矩形1"图层，按Ctrl+D组合键复制该图层，将复制后的图层移动到"形状图层1"上方，单击"展开或折叠'转换控制'窗格" ⌘ 按钮，设置"形状图层1"的轨道遮罩为"Alpha遮罩'圆角矩形2'"，如图7-244所示，在"合成"窗口可以查看遮罩效果，如图7-245所示。

图7-244

图7-245

09 将"形状图层1"的开始时间指针调整到0:00:02:10的位置，选中该图层的两个关键帧，按F9键，设置关键帧缓动，如图7-246所示。

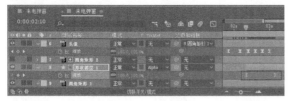

图7-246

10 按住Shift键的同时再按T键，展开"形状图层1"的"不透明度"，在0:00:02:23的位置添加"不透明度"关键帧，并修改其数值为45，在0:00:02:27的位置修改"不透明度"数值为0，如图7-247所示。

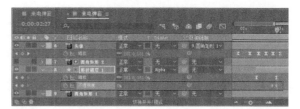

图7-247

11 选中"形状图层1"和"圆角矩形2"图层，按Ctrl+D组合键复制这两个图层，向后调整复制图层的内容，使圆形的运动时间可以错开，如图7-248所示。这样，在头像弹动的过程中还会出现波纹的效果，如图7-249所示。

图7-248

图7-249

12 选中图7-250所示的图层并右击，在弹出的快捷菜单中选择"预合成"选项，打开"预合成"对话框，修改合成名称为"波纹"，如图7-251所示，单击"确定"按钮，将刚才制作的圆形运动创建为"波纹"合成。

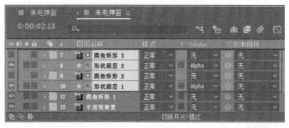

图7-250

图7-251

13 选中"头像"图层中的所有关键帧,将时间指针调整到0:00:03:16的位置,按Ctrl+C组合键,再按Ctrl+V组合键,将所有关键帧复制到该位置,同样复制"波纹"合成图层,调整其开始位置,制作两次弹动的运动效果,如图7-252所示。

图7-252

3.制作接通来电动效

01 在不选择任何图层的情况下,使用"椭圆工具" ⬤,设置"填充"为土黄色(R:162,G:149,B:58),"描边"为无,在"接通来电"图标的内部绘制圆形,调整其中心点,如图7-253所示。

图7-253

02 将时间指针调整到0:00:05:01的位置,按Alt+[组合键,将0:00:05:01之前的内容都删除掉,按T键展开"不透明度",单击"位置"前面的码表 ⊙ 按钮,添加关键帧,修改"不透明度"为69,再将时间指针调整到0:00:05:10的位置,修改"不透明度"为0,如图7-254所示。

图7-254

03 选中"圆角矩形1"图层,按S键展开"缩放",单击"缩放"前面的码表 ⊙ 按钮,在0:00:05:10的位置添加关键帧,然后按Ctrl+Shift+D组合键拆分图层,如图7-255所示。

图7-255

04 将时间指针调整到0:00:05:16的位置,单击"圆角矩形2"图层"缩放"前的"约束比例" 🔗 按钮,取消约束比例,分别调整左右两边的数值,使圆角矩形和界面大小相同,如图7-256所示。

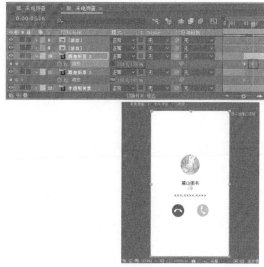

图7-256

05 选中"圆角矩形2"图层的两个关键帧,按F9键,设置关键帧缓动。

06 返回到上一个"来电弹窗"合成中,显示"通话中"

合成图层，将该合成图层复制到刚刚制作的"来电弹窗"合成中，如图7-257所示。

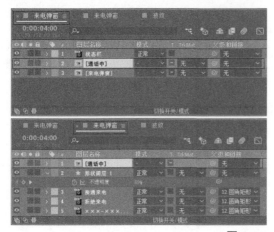

图7-257

07 按T键展开"通话中"合成图层的"不透明度"，修改"不透明度"数值为35。

08 将时间指针调整到0:00:05:10的位置，选中"头像"图层，按P键展开"位置"，单击"位置"前面的码表◎按钮，添加关键帧；再将时间指针调整到0:00:05:16的位置，向上移动头像，使其和"通话中"合成图层的头像位置相同，如图7-258所示。

图7-258

09 选中新添加的两个关键帧，按F9键，设置关键帧缓动。

10 选中所有文字信息图层，按P键展开它们的"位置"，在0:00:05:16位置添加关键帧并移动位置，使其和"通话中"合成图层中的文字信息位置相同，如图7-259所示。选中新添加的两个关键帧，按F9键，设置关键帧缓动。

图7-259

11 选中"拒绝来电"图层，在0:00:05:10位置上添加"位置"关键帧，并在0:00:05:16的位置调整该图标的位置，使其和"通话中"合成图层中的图标位置相同，如图7-260所示。选中两个关键帧，按F9键，设置关键帧缓动。

12 选中电话号码的图层，按T键展开"不透明度"，在0:00:05:12和0:00:05:16的位置添加"不透明度"关键帧，修改0:00:05:16的"不透明度"数值为0，此时该图层内容会变为完全透明的效果，如图7-261所示。

图7-260　　　　　　　图7-261

13 展开所有图层的"位置"，并调整它们的"位置"关键帧，使它们的运动时间错开，如图7-262所示。

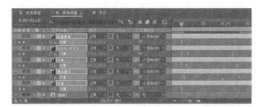

图7-262

14 选中所有图层的最后一个关键帧，单击"图表编辑器" 按钮，调整速度曲线，如图7-263所示。

图7-263

15 隐藏"通话中"合成图层，选中"接通来电"图层，按T键展开"不透明度"，在0:00:05:08和0:00:05:13的位置添加"不透明度"关键帧，修改0:00:05:13的"不透明度"数值为0，如图7-264所示。

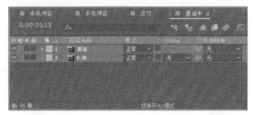

图7-264

16 进入"通话中"合成，删除和"来电弹窗"合成中重复的内容，只保留不重复的部分，如图7-265所示。

图7-265

17 将"通话中"合成保留的内容复制到"来电弹窗"合成中，选中这两个图层，将时间指针调整到0:00:05:12的位置，按Alt+[组合键，删除0:00:05:12之前的内容。

18 按P键展开"位置"，在0:00:05:18和0:00:06:06的位置添加"位置"关键帧，选中0:00:05:18的关键帧，向下移动图层内容，如图7-266所示。

图7-266

19 按住Shift键的同时按T键展开"不透明度"，在0:00:05:19和0:00:05:29的位置添加"不透明度"关键帧，修改0:00:05:19的"不透明度"数值为0，0:00:05:29的"不透明度"数值为100，如图7-267所示。

图7-267

20 选中新添加的所有关键帧，按F9键，设置关键帧缓动。选中所有"位置"关键帧，单击"图表编辑器" 按钮，调整运动曲线，如图7-268所示。

21 向后拖动"0:00"图层的内容，错开两个图层内容的运动时间，如图7-269所示。

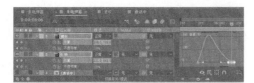

图7-268

图7-269

22 选中"半透明背景"图层,按T键展开"不透明度",在0:00:00:11和0:00:00:19的位置添加"不透明度"关键帧,修改0:00:00:11的"不透明度"数值为0,如图7-270所示。

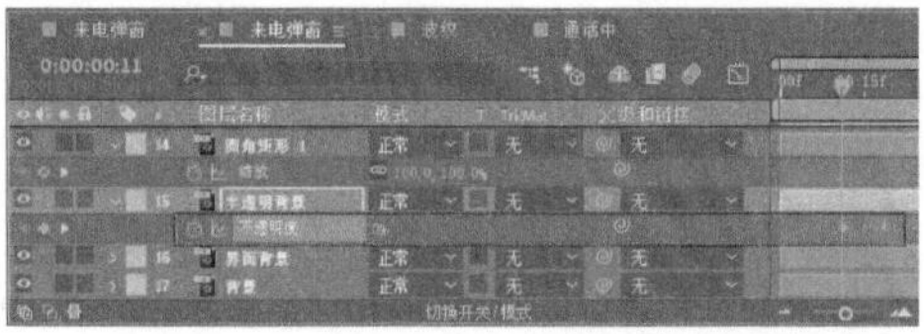

图7-270

23 来电弹窗动效制作完成,将文档进行保存,预览最终效果,如图7-271所示。

图7-271

7.4 习题:优惠券动效

源 文 件:第7章\ 7.4

在线视频:第7章\ 7.4 习题:优惠券动效

本习题主要练习制作优惠券动效。主要通过添加"位置""缩放""颜色""蒙版路径""不透明度"关键帧,再调整关键帧的相关数值来制作优惠券的弹出效果,如图7-272所示。

图7-272

第 8 章

智能手表的
UI动效设计

随着科技的不断发展，可穿戴设备进入了人们的日常生活，成为人们生活中的一部分，如智能手表。智能手表不仅是装饰品，它更以科技的形式改变了人们的生活方式和习惯。智能手表能够与手机相互连接，和手机配合使用，它在人们的运动、睡眠、通话、娱乐等方面扮演着非常重要的角色，其技术的发展和功能的改进也将继续改变人们的生活，给人们带来更多的智能体验。

8.1 iOS智能手表动效

本节将通过案例实战操作，为读者讲解iOS智能手表动效的具体制作方法。

8.1.1 设计分析

在制作iOS智能手表动效之前，先简单介绍一下该案例的制作思路和流程。

❖ **案例分析**

通过滑动屏幕来左右切换卡片，卡片切换的过程中其对应的图标也会跟着变换，图标变换并不是生硬的变换，而是通过形状上的演化来生成一种比较有趣的效果。除了制作卡片切换和图标切换的效果外，还需要制作手指滑动效果，手指滑动的同时卡片和图标也随着切换。

❖ **色彩分析**

iOS智能手表通常使用黑色作为应用的背景色。黑色背景可以与表盘的边缘无缝融合，给人一种无边框的错觉。在设计的过程中避免使用明亮的颜色作为背景色。卡片使用了白色再降低透明度，图标则使用了高对比度的颜色，界面、卡片和图标的色彩搭配，再加上白色文字信息，可以使界面更清晰。

❖ **设计要点**

界面中图标的变换是整个案例的设计要点。先在Photoshop中将图标绘制出来，再在After Effects中创建两个形状图层，添加"路径"关键帧，然后将图标路径逐一复制到关键帧中，修改它的路径，在变换路径的同时修改颜色。

❖ **制作流程**

本案例首先需要通过Illustrator绘制卡片中的图标，主要使用"钢笔工具" ✐、"椭圆工具" ◯ 绘制图形轮廓，再结合"锚点工具" ⋏、"直接选择工具" ▷ 来调整图形的形状，如图8-1所示。

图8-1

接着通过Photoshop进行界面的设计与制作，先制作界面中的卡片内容，再单独绘制图标，如图8-2所示。

图8-2

最后通过After Effects制作动效，创建形状图层，添加"路径"关键帧，将每个图标的路径复制到各个关键帧中，制作图标变换效果，卡片的切换则是通过添加"位置"关键帧来实现的，如图8-3所示。

图8-3

图8-3（续）

8.1.2 实战：Illustrator绘制iOS 智能手表图标

源 文 件：第8章\ 8.1\ 8.1.2

在线视频：第8章\ 8.1.2 实战：Illustrator绘制iOS智能手表图标.mp4

在制作动效之前，需要先使用Illustrator绘制卡片中的图标，再将绘制的图标导出为PNG格式的文件，方便在后面的界面制作中使用。

01 运行Illustrator 2020，新建一个60px×60px的空白文档。选择工具箱中的"钢笔工具" ，设置"填色"为绿色（R:67,G:215,B:88），"描边"为无，在画布中绘制图形，如图8-4所示。

02 使用"锚点工具" 拖出各个锚点的控制柄，再使用"直接选择工具" 调整控制柄，使图形的边缘变得平滑，如图8-5所示。

图8-4　　　　　　　图8-5

提示

在调整锚点的过程中，可以使用"删除锚点工具" 删除多余的锚点。

03 执行"文件"→"导出"→"导出为"命令，打开"导出"对话框，在"保存类型"的下拉菜单中选择"PNG（*.PNG）"，"文件名"修改为"树叶.png"，如图8-6所示；然后单击"导出"按钮，执行操作后，打开"PNG 选项"对话框，设置相关参数，如图8-7所示，单击"确定"按钮，即可导出PNG格式的文件。

图8-6

图8-7

04 新建一个60px×60px的空白文档，绘制另外一个图标。使用"椭圆工具" 绘制一个黄色（R:67,G:215,B:88）填充、无描边的小圆形，如图8-8所示。

05 使用"钢笔工具" 在小圆形的下方绘制大致的图形轮廓，如图8-9所示。

图8-8　　　　　　　图8-9

06 使用"锚点工具" ⊾拖出各个锚点的控制柄,再使用"直接选择工具" ⊿调整控制柄,使图形的边缘变得平滑,如图8-10所示。

07 执行"文件"→"导出"→"导出为"命令,将该图形导出为PNG格式的文件,如图8-11所示,文件名为"步行.png"。

图8-10　　　　　　　图8-11

8.1.3　实战:Photoshop设计iOS智能手表界面

源 文 件:第8章\ 8.1\ 8.1.3

在线视频:第8章\ 8.1.3 实战:Photoshop设计iOS智能手表界面.mp4

绘制好图标后,需要使用Photoshop设计iOS智能手表界面。

1.制作界面效果

01 运行Photoshop 2020,执行"文件"→"打开"命令,打开"背景.jpg"素材文件,如图8-12所示。

图8-12

02 使用"圆角矩形工具" □绘制黑色屏幕,修改该图层的"不透明度"为50%,并改名为"屏幕",如图8-13所示。

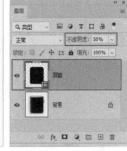

图8-13

03 使用"椭圆工具" ○.在屏幕的底部绘制4个无填充、白色描边的小圆形,其描边宽度为"2像素",如图8-14所示。

04 在第1个小圆形中再绘制一个白色填充、无描边的小圆形,如图8-15所示。

图8-14　　　　　　　图8-15

05 下面制作第1个卡片的内容。使用"圆角矩形工具" □.在屏幕中绘制白色填充、无描边的圆角矩形,修改该图层的"不透明度"为20%,如图8-16所示。

06 使用"横排文字工具" T.,设置字体为"黑体",字体大小为"42点",文本颜色为白色,在圆角矩形的左边输入天气温度,再修改字体大小为"28点",在圆角矩形的右边输入"优",如图8-17所示。

图8-16　　　　　　　图8-17

07 执行"文件"→"置入嵌入对象"命令，将之前绘制的"树叶.png"素材置入文档，放置在"优"的左边，如图8-18所示。

08 使用"横排文字工具" T.，修改字体大小为"30点"，继续在圆角矩形内的下方输入文字，如图8-19所示。

图8-18　　　　　　　　　　图8-19

09 选中"圆角矩形1"图层，按Ctrl+J组合键复制图层，将之前绘制的透明圆角矩形复制3份，并隐藏复制的图层。

10 选中第1个卡片的所有图层，按Ctrl+E组合键合并图层，命名为"卡片1"，如图8-20所示。隐藏"卡片1"图层。

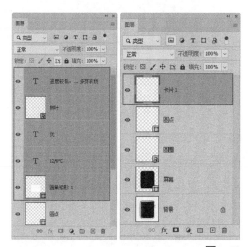

图8-20

11 显示"圆角矩形1 拷贝"图层，开始制作第2个卡片。使用"横排文字工具" T.在圆角矩形内输入文字，其参数不变，如图8-21所示。修改字体大小为"28点"，继续在文字上方输入文字，修改文字图层的"不透明度"为40%，如图8-22所示。

图8-21　　　　　　　　　　图8-22

12 选中第2个卡片的所有图层，按Ctrl+E组合键合并图层，命名为"卡片2"。隐藏"卡片2"图层。

13 显示"圆角矩形1 拷贝2"图层，开始制作第3个卡片。使用步骤11的方法输入文字，如图8-23所示，再使用"圆角矩形工具" □绘制一个白色的圆角矩形，得到"圆角矩形2"图层，如图8-24所示。

图8-23　　　　　　　　　　图8-24

14 执行"文件"→"置入嵌入对象"命令，将"头像.jpg"素材置入文档，调整大小和位置，放置在圆角矩形位置，如图8-25所示。

图8-25

15 选中"头像"图层，按Alt+Ctrl+G组合键，向下创建剪贴蒙版，如图8-26所示。

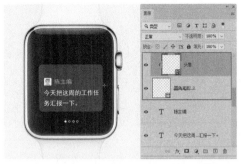

图8-26

图8-28　　　　　　　图8-29

16　选中第3个卡片的所有图层，按Ctrl+E组合键合并图层，命名为"卡片3"。隐藏"卡片3"图层。

17　显示"圆角矩形1 拷贝3"图层，在圆角矩形内输入文字，再将之前绘制的"步行.png"素材置入文档，放置在"步数"左边，第4个卡片的效果如图8-27所示。

05　使用"椭圆工具" ○.在爱心图形的上方绘制绿色（R:64,G:219,B:57）填充、无描边的椭圆形，再使用"钢笔工具" ∅.在椭圆形左下角绘制相同填充色的三角形，如图8-30所示。

06　选中这两个图形的图层，按Ctrl+E组合键合并图层，然后单击"钢笔工具" ∅.工具选项栏中的"路径操作" □按钮，在弹出的列表中选择"合并形状组件"，如图8-31所示。

图8-27

图8-30　　　　　　　图8-31

18　选中第4个卡片的所有图层，按Ctrl+E组合键合并图层，命名为"卡片4"。制作完成后，将文档保存为"界面.psd"文件。

07　复制绿色图形并将图形颜色修改为白色，再将图形水平翻转，调整大小和位置，如图8-32所示。

08　选中绿色图形和白色图形的图层，单击"图层"面板底部的"创建新组" □按钮，修改组名为"消息"。

2.制作图标效果

01　执行"文件"→"新建"命令，新建一个664像素×720像素的空白文档，其背景颜色为黑色。

09　使用制作"消息"图层组的方法制作"短信"图层组，其中右边的图标为蓝色（R:44,G:79,B:255），如图8-33所示。

02　使用"钢笔工具" ∅.在画面下方绘制一个洋红色（R:255,G:34,B:102）填充、无描边的爱心图形，如图8-28所示。

03　复制图形并将其修改为白色，调整大小和位置，如图8-29所示。

04　选中这两个图形的图层，单击"图层"面板底部的"创建新组" □按钮，修改组名为"健康"。

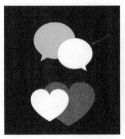 

图8-32　　　　　　　图8-33

10 使用"椭圆工具" ⊙ 在"短信"图形的上方绘制黄色（R:255,G:223,B:4）圆形，如图8-34所示。继续在黄色圆形的右边绘制3个白色圆形，如图8-35所示。

图8-34　　　　　　　　图8-35

11 使用"矩形工具" ▢ 在白色圆形的底部绘制白色矩形，如图8-36所示。

12 选中3个白色圆形和白色矩形的图层，按Ctrl+E组合键合并图层，修改图层名为"形状3"，然后单击"矩形工具" ▢ 选项栏中的"路径操作" ▢ 按钮，在弹出的列表中选择"合并形状组件"，云朵图形绘制完成。

13 为新绘制的形状图层创建图层组，修改组名为"天气"，图标的整体效果如图8-37所示。

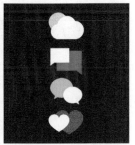

图8-36　　　　　　　　图8-37

14 还需要调整每个图形的路径起始点。使用"添加锚点工具" ⯑ 在白云图形底部的两个锚点中间单击，添加一个锚点，如图8-38所示。

15 使用"直接选择工具" ▷ 选中这个锚点，按Delete键将其删除，再使用"钢笔工具" ✎ 分别从左至右单击底部的两个锚点，如图8-39所示，这样路径的起始点就被重新定义了。

16 使用步骤15的方法调整其他图形的路径起始点，如图8-40所示。将文档保存为"图标.psd"文件。

图8-38　　　　　　　　图8-39

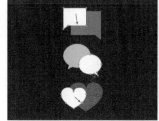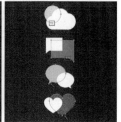

图8-40

8.1.4　实战：After Effects制作iOS智能手表动效

源　文　件：第8章\ 8.1\ 8.1.4
在线视频：第8章\ 8.1.4 实战：After Effects制作iOS智能手表动效.mp4

　　界面效果制作完成后，需要在After Effects中制作iOS智能手表动效。

1.制作图标变换动效

01 运行After Effects 2020，进入其操作界面。执行"文件"→"导入"→"文件"命令，将之前制作的"界面.psd"文件，导入"项目"面板中。

02 在"项目"面板右击"界面"合成，在弹出的快捷菜单选择"合成设置"选项，修改合成参数，如图8-41所示。

图8-41

03 双击"界面"合成,进入该合成中,选中图8-42所示的图层并右击,在弹出的快捷菜单选择"预合成"选项,将合成名称修改为"内容"。

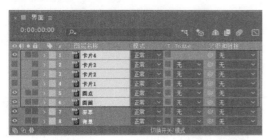

图8-42

04 进入"内容"合成,在"时间轴"面板的空白处右击,在弹出的快捷菜单中选择"新建"→"形状图层"选项,新建形状图层,如图8-43所示。

图8-43

05 展开"形状图层1"的列表,单击"添加"右侧的 ⊙ 按钮,在列表中选择"路径"选项,添加路径,如图8-44所示。

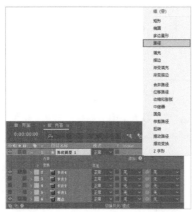

图8-44

06 单击 ⊙ 按钮,在列表中选择"填充"选项,添加填充,此时"内容"列表中添加了"路径1"和"填充1",修改"填充1"中的"颜色"为白色,如图8-45所示。

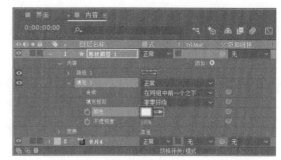

图8-45

07 进入Photoshop 2020,打开前面制作的"图标.psd"文件,使用"路径选择工具" ▶ 选择"天气"图层组中的白云图形,如图8-46所示,按Ctrl+C组合键复制图形路径。再进入After Effects 2020中,展开"路径1",单击"路径",按Ctrl+C组合键粘贴图形路径,将图形移动到合适位置,如图8-47所示。

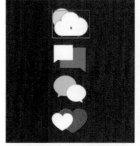 

图8-46   图8-47

08 将时间指针调整到0:00:00:08的位置,单击"路径"前面的码表 ⊙ 按钮,添加"路径"关键帧,如图8-48所示。

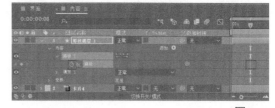

图8-48

09 将时间指针调整到0:00:00:14的位置,进入Photoshop,使用"路径选择工具" ▶ 选中"短信"图层组中的白色图形,将其复制到After Effects中,调整其位置,如图8-49所示。在该位置也会自动添加"路径"关键帧,将时间指针移动到两个关键帧之间可以看到路径变化的效果,如图8-50所示。

图8-49　　　　　　　　　　图8-50

10　将时间指针调整到0:00:01:07的位置，使用步骤09的方法将Photoshop中"消息"图层组的白色图形路径复制到该位置，在"合成"窗口调整图形的位置，如图8-51所示。

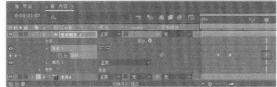

图8-51

11　将时间指针调整到0:00:02:00的位置，将Photoshop中"健康"图层组的白色图形路径复制到该位置，在"合成"窗口调整图形的位置，如图8-52所示。

图8-52

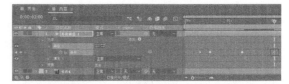

图8-52（续）

12　选中"形状图层1"，按Ctrl+D组合键复制图层，并得到"形状图层2"。

13　展开"形状图层1"的"内容"列表，选中"路径"的第1个关键帧，将Photoshop中"天气"图层组中的黄色圆形路径复制到该帧中，调整位置，再单击"颜色"前面的码表 ⏱ 按钮，添加"颜色"关键帧，修改颜色，如图8-53所示。

图8-53

提示

　　这里复制的是路径而不是图形，所以需要修改其填充颜色，填充颜色要与Photoshop中对应的图形颜色相同。

14　选中"路径"的第2个关键帧，切换到Photoshop，将"短信"图层组中的蓝色图形路径复制到该帧中，添加"颜色"关键帧，调整位置并修改颜色，如图8-54所示。

图8-54

图8-57

图8-58

15 复制其他图形路径到对应的关键帧,添加"颜色"关键帧,再修改对应的颜色,如图8-55所示。

19 将时间指针调整到0:00:02:14的位置,将0:00:02:00的所有关键帧都复制到该位置,如图8-59所示。

图8-55

图8-59

16 选中"形状图层1",按U键展开关键帧,此时关键帧的位置如图8-56所示。

20 将时间指针调整到0:00:02:21的位置,将0:00:00:08的所有关键帧都复制到该位置,如图8-60所示,这样图形可以循环变换。

图8-60

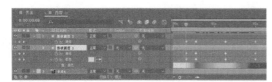

图8-56

21 选中图8-61所示的关键帧,按F9键,设置关键帧缓动。

17 将时间指针调整到0:00:01:00的位置,将0:00:00:14的所有关键帧都复制到该位置,如图8-57所示。

图8-61

18 将时间指针调整到0:00:01:18的位置,将0:00:01:07的所有关键帧都复制到该位置,如图8-58所示。

22 选中"形状图层1"的"路径"关键帧,单击"图表编辑器" 按钮,打开"图表编辑器",调整运动曲线,如图8-62所示。使用同样的方法调整"形状图层2"的"路径"速度曲线。

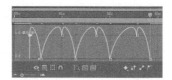

图8-62

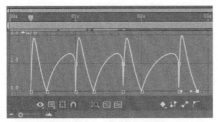

图8-62（续）

23 调整完运动曲线后，再次单击"图表编辑器" 🔲按钮，关闭"图表编辑器"，此时关键帧效果如图8-63所示。

图8-63

2. 制作手指滑动动效

01 执行"合成"→"新建合成"命令，在打开的"合成设置"对话框中设置参数，如图8-64所示，设置参数后，单击"确定"按钮即可新建并进入该合成。

图8-64

02 选择"椭圆工具" ⚪，单击"填充"，打开"填充选项"对话框，选择"线性渐变"，并将"不透明度"修改为56%，如图8-65所示。单击"描边"，修改其"不透明度"为80%。

03 修改"填充"为从白色到浅灰色（R:224,G:224,B:224）的渐变颜色，"描边"为浅灰色（R:224,G:224,B:224），描边宽度为"3像素"，在画面中绘制圆形，使用"向后平移（锚点）工具" 🔲调整它的中心点，如图8-66所示。

图8-65

图8-66

04 进入"界面"合成，将"手指滑动"合成拖动到"界面"合成中，按S键，在按住Shift键的同时按T键，展开"缩放"和"不透明度"，修改"缩放"的数值都为48.0，"不透明度"的数值为80，如图8-67所示。

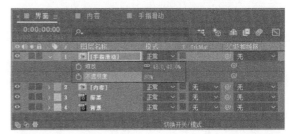

图8-67

05 按P展开"位置"，将时间指针调整到0:00:00:08位置，单击"位置"前面的码表 ⏱按钮，添加"位置"关键帧，将圆形移动到卡片的右下角，如图8-68所示。

06 将时间指针调整到0:00:00:14位置，向左拖动"位置"左边的数值，向左移动圆形，如图8-69所示。

图8-68　　　　　　　　　图8-69

07 选中第2个关键帧，按F9键，设置关键帧缓动。单击"图表编辑器" 🔲按钮，打开"图表编辑器"，调整运动曲线，如图8-70所示。

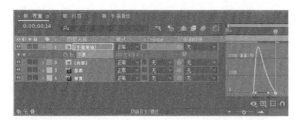

图8-70

08 按住Shift键的同时再按T键展开"不透明度",在0:00:00:07、0:00:00:08和0:00:00:14的位置都添加"不透明度"关键帧,其中0:00:00:07和0:00:00:14的"不透明度"的数值为0,如图8-71所示。

图8-71

09 选中所有"不透明度"关键帧,单击"时间轴"面板左下角的▤按钮,打开"图层开关"窗格,打开"手指滑动"合成的"运动模糊",在"合成"窗口可以查看效果,如图8-72所示。

图8-72

3.制作卡片切换动效

01 双击进入"内容"合成,显示所有卡片,将第4张卡片向右移动,移动到较远的位置,如图8-73所示。

图8-73

02 选中全部的卡片,执行"窗口"→"对齐"命令,打开"对齐"面板,单击"水平均匀分布"▉▉按钮,将所有卡片都水平排列,然后再按顺序调整卡片的位置和它们的距离,使卡片的排列顺序和图标的变换顺序相对应,如图8-74所示。

图8-74

03 同时选中"卡片2""卡片3"和"卡片4"图层,将它们的"父级关联器"◎拖动到"卡片1"图层中,使它们和"卡片1"图层链接在一起,如图8-75所示。

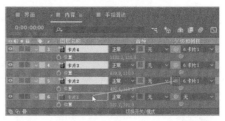

图8-75

04 选中"卡片1"图层，按P键展开"位置"，在0:00:00:08和0:00:00:14的位置添加"位置"关键帧，在0:00:00:14的位置向左移动卡片，如图8-76所示。

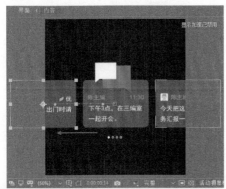

图8-76

05 按F9键，将第2个关键帧设置为缓动，打开"图表编辑器"，调整运动曲线，如图8-77所示。

图8-77

06 使用步骤04的方法，在0:00:01:00和0:00:01:07的位置添加"位置"关键帧，在0:00:01:07的位置继续向左移动卡片并调整运动曲线，如图8-78所示。

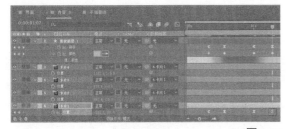

图8-78

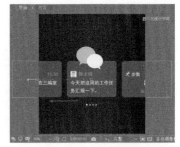

图8-78（续）

07 同样在0:00:01:18和0:00:02:00的位置添加"位置"关键帧，在0:00:02:00的位置再向左移动卡片，如图8-79所示。

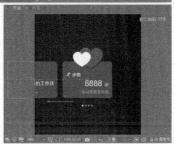

图8-79

08 按Ctrl+D组合键复制"卡片1"图层，得到"卡片5"图层，将"卡片5"图层的所有关键帧都删除。将复制的卡片移动到第4张卡片的右边，如图8-80所示。

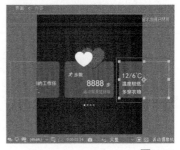

图8-80

09 将"卡片5"图层的"父级关联器"⊚拖动到"卡片1"图层中，将"卡片5"图层和"卡片1"图层也链接在一起，如图8-81所示。

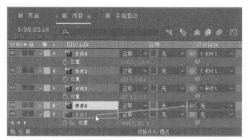

图8-81

⑩ 选中"卡片1"图层，在0:00:02:14和0:00:02:21的位置添加"位置"关键帧，在0:00:02:21的位置再向左移动卡片，如图8-82所示。

图8-82

⑪ 切换到"界面"合成，分别将时间指针定位在0:00:01:00、0:00:01:18、0:00:02:14，单击"时间轴"右侧的███按钮，在这3个位置创建标记。按Ctrl+D组合键，将"手指滑动"图层复制3次，按U键展开它们的关键帧，分别调整它们的关键帧，如图8-83所示。

图8-83

⑫ 将"内容"图层移动到"屏幕"图层下方，将"内容"图层的"TrkMat（轨道遮罩）"设置为"Alpha遮罩'屏幕'"，如图8-84所示，这样界面的内容都只会在屏幕中显示。

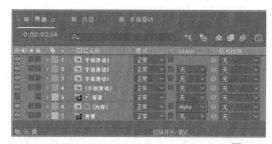

图8-84

⑬ 选中"屏幕"图层，按T键展开"不透明度"，修改其数值为100。动效制作完成，将文档进行保存，预览最终效果，如图8-85所示。

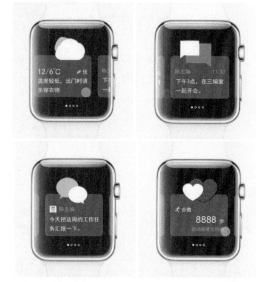

图8-85

8.2 Android智能手表动效

本节将通过案例实战操作，为读者讲解Android智能手表动效的具体制作方法。

8.2.1 设计分析

在制作动效之前，先简单介绍一下该案例的制作思路和流程。

❖ **案例分析**

和智能手机一样，有的智能手表也有下拉面板。从上向下滑动屏幕可以滑出一个面板，该面板可配置一些快捷功能，也可以在该面板调节界面亮度。本案例制作的是滑出Android智能手表的下拉面板，并调节界面亮度的动效，亮度的调节需要通过After Effects中的"色阶"效果来调整。

❖ **色彩分析**

Android智能手表的界面可以自由设置，场景壁纸加上彩色的图标，可以使界面丰富起来。该界面中使用的是颜色较暗的星空壁纸，图标则运用了蓝色、红色、橙色和紫色，这些颜色可以带来强烈的视觉冲击，可以让用户快速地找到图标。下拉面板则是使用半透明的黑色背景搭配白色图标，界面简洁，功能性强。

❖ **设计要点**

制作拖动滑块调节界面亮度动效是整个案例的设计要点。将屏幕内容创建为预合成，为其添加"色阶"效果，然后添加"直方图"关键帧，通过修改数值来调整界面的色调。

❖ **制作流程**

本案例首先需要通过Illustrator绘制卡片中的图标，主要使用"多边形工具" ⬡ 、"圆角矩形工具" ▢ 、"矩形工具" ▢ 、"钢笔工具" ✒ 等图形绘制工具，图标效果如图8-86所示。

图8-86

接着通过Photoshop进行界面的设计与制作，制作的主界面和下拉面板如图8-87所示。

最后通过After Effects制作动效，添加"位置"关键帧可以制作滑出下拉面板的动效，添加内置效果并修改参数可以调整界面的色调，如图8-88所示。

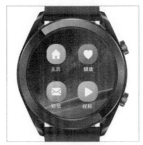

图8-87

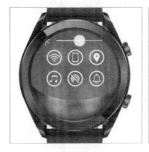

图8-88

8.2.2 实战：Illustrator绘制Android 智能手表图标

源 文 件：第8章\ 8.2\ 8.2.2

在线视频：第8章\ 8.2.2 实战：Illustrator绘制Android智能手表图标.mp4

在制作动效之前，需要先使用Illustrator绘制Android智能手表的图标，再将绘制的图标导出为PNG格式的文件，方便在后面的界面制作中使用。

01 运行Illustrator 2020，新建一个50px×50px的空白文档。为了方便查看图标效果，使用"矩形工具" ▢ 绘制一个和画布同样大小的正方形，设置与背景不同的填充颜色，制作背景。

02 使用"多边形工具" ⬡ 在画布中绘制白色填充、无描边的三角形，然后使用"直接选择工具" ▷ ，拖动顶端锚点下面的圆形 ◉ ，将锚点向下拖动，使顶端的直角变得平滑，如图8-89所示。

03 使用"圆角矩形工具" ▢ 在三角形下方绘制白色圆角矩形，使用步骤02的方法调整圆角，如图8-90所示。

209

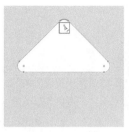
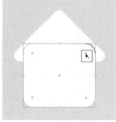

图8-89 图8-90

04 选中三角形和圆角矩形，单击"属性"面板"路径查找器"中的"联集" ◻ 按钮，将两个图形合并。

05 使用"矩形工具" ◻ 在圆角矩形的底部绘制白色矩形，然后选中合并后的图形和该矩形，单击"路径查找器"中的"减去顶层" ◻ 按钮，得到的图形如图8-91所示。

06 隐藏灰色背景图层，执行"文件"→"导出"→"导出为"命令，将该图形导出为PNG格式的文件，文件名为"主页图标.png"，如图8-92所示。

图8-91 图8-92

07 新建一个50px×50px的空白文档并制作灰色背景。使用"钢笔工具" ✐ 在画布中绘制白色填充、无描边的图形，如图8-93所示。

08 使用"锚点工具" ⊿ 将每个锚点的控制柄调整出来，方便图形的调整，再使用"直接选择工具" ▷，调整每个锚点的控制柄，使图形边缘变得平滑，如图8-94所示。

图8-93 图8-94

09 隐藏灰色背景图层，将该图形导出为PNG格式的文件，文件名为"健康图标.png"。

10 新建一个50px×50px的空白文档并制作灰色背景。使用"圆角矩形工具" ◻ 在画布中绘制白色填充、无描边的圆角矩形，再使用"多边形工具" ⬡ 在圆角矩形内绘制无填充、白色描边的三角形，其描边宽度为2.5pt，如图8-95所示。

11 选中并在三角形上右击，执行"对象"→"路径"→"轮廓化描边"命令，将该描边图形改为填充图形。

12 使用"矩形工具" ◻ 在圆角矩形下半部分绘制两个矩形，如图8-96所示。

图8-95 图8-96

13 选中所有图形，单击"路径查找器"中的"减去顶层" ◻ 按钮，得到的图形如图8-97所示。隐藏灰色背景图层，将该图形导出为PNG格式的文件，文件名为"短信图标.png"。

图8-97

14 参考以上操作方法绘制其他图标，并将每个图标都导出为PNG格式的文件，如图8-98所示。

图8-98

8.2.3 实战：Photoshop设计Android 智能手表界面

源 文 件：第8章\ 8.2\ 8.2.3

在线视频：第8章\ 8.2.3 实战：Photoshop设计Android智能 手表界面.mp4

绘制好图标后，需要使用Photoshop设计Android智能 手表界面。

1.制作主界面

01 运行Photoshop 2020，执行"文件"→"打开"命 令，打开"背景.jpg"素材文件，如图8-99所示。

02 使用"椭圆选框工具" 在屏幕内创建圆形选区，如 图8-100所示，创建图层，在圆形内填充黑色。

图8-99 　　　　　　　　图8-100

03 执行"文件"→"置入嵌入对象"命令，将"屏幕背 景.jpg"素材置入文档，移动到屏幕的位置，将该素材图 层放置在黑色圆形图层的上方，选中素材图层，按 Alt+Ctrl+G组合键，向下创建剪贴蒙版，效果如图8-101 所示。选中这两个图层，按Ctrl+E组合键合并图层，合并 后的图层名称为"屏幕背景"。

图8-101

04 使用"圆角矩形工具" ，设置"填充"为从天蓝色

（R:0,G:201,B:254）到中蓝色（R:29,G:180,B:248）再到深 蓝色（R:75,G:156,B:241）的线性渐变，设置完成后，在画 面中绘制圆角矩形，如图8-102所示。

图8-102

05 使用步骤04的方法绘制其他的圆角矩形，如图8-103所 示。再将之前绘制的"主页图标.png""健康图标.png"和 "短信图标.png"素材置入文档，移动到圆角矩形内，如图 8-104所示。

图8-103 　　　　　　　　图8-104

06 使用"多边形工具" ，设置"填充"为白色，"描 边"为无，在画面中单击，打开"创建多边形"对话框， 设置多边形参数，如图8-105所示，单击"确定"按钮，即 可绘制一个三角形，调整大小和位置，如图8-106所示。

图8-105 　　　　　　　　图8-106

07 使用"横排文字工具" ，设置字体为"黑体"，字 体大小为"30点"，文本颜色为白色，在每个图标下方输 入文字，如图8-107所示。

08 调整并合并图层内容，选中屏幕内的所有内容，单击"图层"面板底部的"创建新组" □ 按钮，创建图层组并命名为"主屏幕"，将这些图层放置在"主屏幕"图层组中，如图8-108所示。

图8-107　　　图8-108

09 选中"屏幕背景"图层，按Ctrl+J组合键复制图层，修改图层名称为"中间层"，将该图层放置在"图层"面板顶端并隐藏该图层。

2. 制作下拉面板

01 使用"椭圆工具" ○ 在屏幕位置绘制黑色椭圆形，栅格化该图层并改名为"下拉页"，再修改该图层的"不透明度"为85%，图形效果如图8-109所示。

02 在椭圆形内绘制无填充、白色描边的圆形，其描边宽度为"6像素"，再置入"无线图标.png"素材，将其放置在圆形内，制作无线图标，如图8-110所示。

图8-109　　　图8-110

03 置入其他素材，使用步骤02的方法制作其他图标，如图8-111所示。将这些图标的所有图层都合并为一个图层，命名为"下拉菜单按钮"。

04 执行"文件"→"置入嵌入对象"命令，将"手表图标.png""电量图标.png"和"太阳图标.png"素材置入文档，移动到"下拉页"的上方，然后在电量图标右侧输入电量，如图8-112所示。

图8-111　　　图8-112

05 选中"手表图标"图层、"电量图标"图层和"50%"图层，按Ctrl+E组合键合并这些图层，修改合并后的图层名称为"电量显示"。

06 使用"直线工具" ╱ 在太阳图标右边绘制灰色（R:177，G:177,B:177）直线，如图8-113所示，然后在灰色直线左边再绘制一条较短的白色直线，如图8-114所示。分别将这两条直线的图层命名为"灰色条"和"白色条"。

图8-113　　　图8-114

07 使用"椭圆工具" ○ 在白色直线的最右端绘制白色小圆点，然后双击"圆点"图层，打开"图层样式"对话框，添加"外发光"图层样式，如图8-115所示，最终界面效果如图8-116所示。将文档保存为"界面.psd"文件。

图8-115

图8-116

8.2.4 实战：After Effects制作
Android智能手表动效

源 文 件：第8章\ 8.2\ 8.2.4

在线视频：第8章\ 8.2.4 实战：After Effects制作Android
智能手表动效.mp4

界面制作完成后，需要在After Effects中制作其
动效。

1.制作滑出面板动效

☑1 运行After Effects 2020，进入其操作界面。执行"文
件"→"导入"→"文件"命令，将之前制作的"界面.psd"
文件，导入"项目"面板中。

☑2 在"项目"面板右击"界面"合成，在弹出的快捷菜单
选择"合成设置"选项，修改合成参数，如图8-117所示。

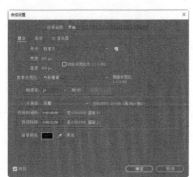

图8-117

☑3 双击"界面"合成，进入该合成中，选中"下拉页"
上方的所有图层，将其中一个图层的"父级关联器"❷拖
动到"下拉页"图层中，如图8-118所示，这样可以让这
些图层都跟着"下拉页"图层内容一起运动。

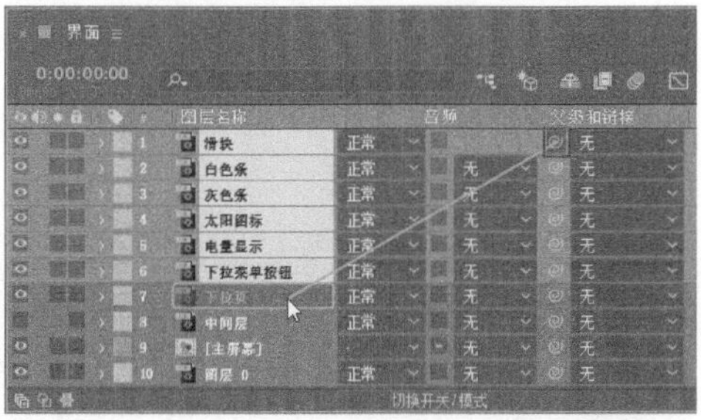

图8-118

☑4 选中"下拉页"图层，按P键展开"位置"，在0:00:
00:05的位置单击"位置"前面的码表❷按钮，添加关键
帧，然后在0:00:00:15的位置也添加关键帧，将时间定位
在0:00:00:05，修改"位置"右侧数值为-205.5，将"下拉
页"向上移动，如图8-119所示。

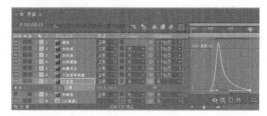

图8-119

☑5 选中这两个关键帧，按F9键，设置关键帧缓动，单击
"图表编辑器"❷按钮，调整运动曲线，如图8-120所示。

图8-120

☑6 选中图8-121所示的所有图层并右击，在弹出的快捷
菜单中选择"预合成"选项，在打开的"预合成"对话框
中进行设置，如图8-122所示。

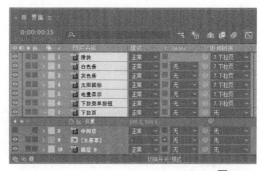

图8-121

213

图8-122

图8-125（续）

07 将"下拉面板"图层移动到"中间层"图层的下方，将"下拉面板"图层的"轨道遮罩"设置为"Alpha遮罩'中间层'"，如图8-123所示。设置遮罩后的界面效果如图8-124所示。

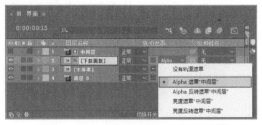

图8-123

图8-124

2.制作亮度调节动效

01 进入"下拉面板"合成，选中"滑块"图层，先使用"向后平移（锚点）工具"调整滑块的中心点，再按P键展开"位置"，在0:00:00:20的位置单击"位置"前面的码表按钮，添加关键帧，然后在0:00:01:06的位置向左拖动"位置"左侧的数值，将滑块移动到左边，如图8-125所示。

图8-125

02 选中"白色条"图层，先使用"向后平移（锚点）工具"将中心点移动到白色条的最左端，再按S键展开"缩放"，在0:00:00:20的位置单击"缩放"前面的码表按钮，添加关键帧，然后在0:00:01:06的位置单击"缩放"前的"约束比例"按钮，取消约束比例，修改"缩放"左侧的数值为41.0，如图8-126所示。

图8-126

03 将时间指针调整到0:00:01:16的位置，选中0:00:01:06的关键帧，先按Ctrl+C组合键，再按Ctrl+V组合键，复制关键帧，如图8-127所示。

图8-127

04 使用步骤03的方法，将0:00:00:20的关键帧复制到0:00:02:02的位置，如图8-128所示。

图8-128

05 返回"界面"合成,执行"窗口"→"效果和预设"命令,打开"效果和预设"面板,在面板中搜索"色阶",如图8-129所示,将"色阶"拖动到"下拉面板"图层中。

06 在0:00:00:20的位置单击"项目"面板中"直方图"前面的码表◎按钮,添加关键帧,如图8-130所示,继续在0:00:01:06的位置添加"直方图"关键帧。

图8-129　　　　　　　　图8-130

07 将时间指针调整到0:00:00:20的位置,在"项目"面板修改"输入黑色"的数值为-60.0,"输入白色"的数值为130.0,参数和界面效果如图8-131所示。

 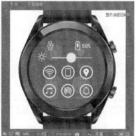

图8-131

08 将时间指针调整到0:00:01:06的位置,在"项目"面板修改"输入白色"的数值为300.0,参数和界面效果如图8-132所示。

图8-132

09 选中"下拉面板"图层,按U键展开关键帧,使用步骤03的操作方法复制关键帧,如图8-133所示。

图8-133

10 在"效果和预设"面板搜索"高斯模糊",将其拖动到"主屏幕"图层中。在0:00:00:05的位置单击"项目"面板中"模糊度"前面的码表◎按钮,添加关键帧,如图8-134所示。

图8-134

11 将时间指针调整到0:00:00:07的位置,在"项目"面板修改"模糊度"的数值为50.0,如图8-135所示。

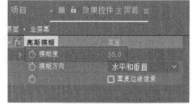

图8-135

12 再次进入"下拉面板"合成,选中"下拉页"图层,在0:00:02:07和0:00:02:12的位置添加"位置"关键帧,参数保持不变,然后将时间指针调整到0:00:02:16的位置,将第1个关键帧复制到该位置,如图8-136所示。

215

13 返回"界面"合成，选中"主屏幕"图层，按U键展开开关键帧，在0:00:02:12的位置添加"模糊度"关键帧，此时"模糊度"的数值为50.0。

图8-136

14 将时间指针调整到0:00:02:16的位置，修改"模糊度"的数值为0.0，如图8-137所示。

图8-137

15 在"效果和预设"面板搜索"色阶"，将其拖动到"主屏幕"图层中，在0:00:02:12位置添加"直方图"关键帧，然后在0:00:02:16的位置修改参数，参数设置和界面效果如图8-138所示。

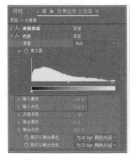

图8-138

16 动效制作完成，保存文档，预览最终效果，如图8-139所示。

图8-139

8.3 习题：计时动效

源 文 件：第8章\ 8.3

在线视频：第8章\ 8.3 习题：计时动效.mp4

　　本习题主要练习制作智能手表的计时动效。主要通过创建形状图层和纯色层，再运用After Effects内置的"编号""残影""快速模糊""简单阻塞工具""发光"效果，还需要添加"位置"关键帧，改变图形的位置，使其围绕界面中的圆形轮廓转动，如图8-140所示。

图8-140

Photoshop 2020常用快捷键

常用工具的快捷键

常用工具	Windows 快捷键
移动工具 画板工具	V
矩形选框工具 椭圆选框工具	M
套索工具 多边形套索工具 磁性套索工具	L
对象选择工具 快速选择工具 魔棒工具	W
污点修复画笔工具 修复画笔工具 修补工具 内容感知移动工具 红眼工具	J
画笔工具 铅笔工具 颜色替换工具 混合器画笔工具	B
仿制图章工具 图案图章工具	S
橡皮擦工具 背景橡皮擦工具 魔术橡皮擦工具	E
渐变工具 油漆桶工具	G
减淡工具 加深工具 海绵工具	O
钢笔工具 自由钢笔工具 弯度钢笔工具	P
横排文字工具 直排文字工具 横排文字蒙版工具 直排文字蒙版工具	T
路径选择工具 直接选择工具	A
矩形工具 圆角矩形工具 椭圆工具 多边形工具 直线工具 自定形状工具	U

（续）

常用工具	Windows 快捷键
抓手工具	H
旋转视图工具	R
缩放工具	Z

常用功能的快捷键

常用功能	Windows 快捷键
显示 / 隐藏"画笔"面板	F5
显示 / 隐藏"颜色"面板	F6
显示 / 隐藏"图层"面板	F7
显示 / 隐藏"信息"面板	F8
新建	Ctrl + N
打开	Ctrl + O
关闭	Ctrl + W
存储	Ctrl + S
存储为	Shift + Ctrl + S
还原	Ctrl + Z
重做	Shift + Ctrl + Z
切换最终状态	Alt + Ctrl + Z
剪切	Ctrl + X
复制	Ctrl + C
粘贴	Ctrl + V
自由变换	Ctrl + T
填充	Shift + F5
羽化选区	Shift + F6
反选选区	Shift + Ctrl + I 或 Shift + F7
全选	Ctrl + A
取消选择	Ctrl + D
重新选择	Shift + Ctrl + D
复制图层	Ctrl + J
图层编组	Ctrl + G
取消图层编组	Ctrl + Shift + G
创建 / 释放剪贴蒙版	Ctrl + Alt + G
选择所有图层	Ctrl + Alt + A
合并可视图层	Ctrl + Shift + E
向下合并图层	Ctrl + E
将指定图层置为顶层	Ctrl + Shift +]
将指定图层置为底层	Ctrl + Shift + [
色阶	Ctrl + L

常用功能	Windows 快捷键
曲线	Ctrl + M
色相 / 饱和度	Ctrl + U
色彩平衡	Ctrl + B
黑白	Alt + Shift + Ctrl + B
反相	Ctrl + I
去色	Shift + Ctrl + U
自动色调	Shift + Ctrl + L
自动对比度	Alt + Shift + Ctrl + L
自动颜色	Shift + Ctrl + B
图像大小	Alt + Ctrl + I
画布大小	Alt + Ctrl + C

常用混合模式的快捷键

常用混合模式	Windows 快捷键
正常	Shift + Alt + N
溶解	Shift + Alt + I
背后（仅限画笔工具）	Shift + Alt + Q
清除（仅限画笔工具）	Shift + Alt + R
变暗	Shift + Alt + K
正片叠底	Shift + Alt + M
颜色加深	Shift + Alt + B
线性加深	Shift + Alt + A
变亮	Shift + Alt + G
滤色	Shift + Alt + S
颜色减淡	Shift + Alt + D
线性减淡（添加）	Shift + Alt + W
叠加	Shift + Alt + O
柔光	Shift + Alt + F
强光	Shift + Alt + H
亮光	Shift + Alt + V
线性光	Shift + Alt + J
点光	Shift + Alt + Z
实色混合	Shift + Alt + L
差值	Shift + Alt + E
排除	Shift + Alt + X
色相	Shift + Alt + U
饱和度	Shift + Alt + T
颜色	Shift + Alt + C
明度	Shift + Alt + Y

附录 B   Illustrator 2020常用快捷键

常用工具的快捷键

常用工具	Windows 快捷键
选择工具	V
直接选择工具	A
魔棒工具	Y
套索工具	Q
钢笔工具	P
添加锚点工具	+
删除锚点工具	—
锚点工具	Shift + C
文字工具	T
直线段工具	\
矩形工具	M
椭圆工具	L
画笔工具	B
铅笔工具	N
橡皮擦工具	Shift + E
剪刀工具	C
旋转工具	R
镜像工具	O
自由变换工具	E
网格工具	U
渐变工具	G
吸管工具	I
抓手工具	H
缩放工具	Z

常用功能的快捷键

常用功能	Windows 快捷键
显示 / 隐藏 "路径查找器" 面板	Shift + Ctrl + F9
显示 / 隐藏 "颜色" 面板	F6
显示 / 隐藏 "描边" 面板	Ctrl + F10
显示 / 隐藏 "图层" 面板	F7

常用功能	Windows 快捷键
新建	Ctrl + N
打开	Ctrl + O
存储	Ctrl + S
恢复	F12
还原	Ctrl + Z
重做	Shift + Ctrl + Z
剪切	Ctrl + X
复制	Ctrl + C
粘贴	Ctrl + V
贴在前面	Ctrl + F
贴在后面	Ctrl + B
就地粘贴	Shift + Ctrl + V
在所有画板上粘贴	Alt + Shift + Ctrl + V
再次变换	Ctrl + D
移动	Shift + Ctrl + M
分别变换	Alt + Shift + Ctrl + D
置于顶层	Shift + Ctrl +]
前移一层	Ctrl +]
后移一层	Ctrl + [
置于底层	Shift + Ctrl + [
编组	Ctrl + G
取消编组	Shift + Ctrl + G
锁定所选对象	Ctrl + 2
全部解锁	Alt + Ctrl + 2
隐藏所选对象	Ctrl + 3
显示全部	Alt + Ctrl + 3
连接路径	Ctrl + J
编辑图案	Shift + Ctrl + F8
全部选择	Ctrl + A
现用画板上的全部对象	Alt + Ctrl + A
取消选择	Shift + Ctrl + A
重新选择	Ctrl + 6
上方的下一个对象	Alt + Ctrl +]
下方的下一个对象	Alt + Ctrl + [
放大	Ctrl + +
缩小	Ctrl + −

常用功能	Windows 快捷键
画板适合窗口大小	Ctrl + 0
全部适合窗口大小	Alt + Ctrl + 0

附录 C　After Effects 2020常用快捷键

常用工具的快捷键

常用工具	Windows 快捷键
选取工具	V
手形工具	H
缩放工具	Z
旋转工具	W
统一摄像机工具	C
向后平移（锚点）工具	Y
矩形工具 圆角矩形工具 椭圆工具 多边形工具 星形工具	Q
钢笔工具	G
横排文字工具	Ctrl + T
画笔工具 仿制图章工具 橡皮擦工具	Ctrl + B

常用功能的快捷键

常用功能	Windows 快捷键
新建项目	Ctrl + Alt + N
新建文件夹	Ctrl + Alt + Shift + N
打开项目	Ctrl + 0
打开上次打开的项目	Ctrl + Alt + Shift + P

常用功能	Windows 快捷键
保存项目	Ctrl + S
项目设置	Ctrl + Alt + Shift + K
显示所选合成图像的设置	Ctrl + K
清理所有内存	Ctrl + Alt + /（数字）
导入素材文件	Ctrl + I
替换素材文件	Ctrl + H
显示/隐藏网格	Ctrl + '
显示/隐藏参考线	Ctrl + ;
锁定/释放参考线	Ctrl + Alt + Shift + ;
显示/隐藏标尺	Ctrl + R
开始/停止播放	空格
复制	Ctrl + C
重复	Ctrl + D
剪切	Ctrl + X
粘贴	Ctrl + V
撤销	Ctrl + Z
重做	Ctrl + Shift + Z
选择全部	Ctrl + A
取消全部选择	Ctrl + Shift + A 或 F2
向前一层	Ctrl +]
向后一层	Ctrl + [
移到最前面	Ctrl + Shift +]
移到最后面	Ctrl + Shift + [
选择上一层	Ctrl + ↑ 方向键
选择下一层	Ctrl + ↓ 方向键
锁定所选层	Ctrl + L
释放所有层的选定	Ctrl + Shift + L
分裂所选层	Ctrl + Shift + D
反向播放层动画	Ctrl + Alt + R
设置入点	[
设置出点	]
剪辑层的入点	Alt + [
剪辑层的出点	Alt +]
在时间滑块位置设置入点	Ctrl + Shift + ,
在时间滑块位置设置出点	Ctrl + Alt + ,
创建新的纯色层	Ctrl + Y

常用功能	Windows 快捷键
显示纯色设置	Ctrl + Shift + Y
合并层	Ctrl + Shift + C
显示/隐藏父级列	Shift + F4
设置关键帧速度	Ctrl + Shift + K
向前移动关键帧一帧	Alt + →方向键
向后移动关键帧一帧	Alt + ←方向键
向前移动关键帧十帧	Shift + Alt + →方向键
向后移动关键帧十帧	Shift + Alt + ←方向键
选择所有可见关键帧	Ctrl + Alt + A
到前一可见关键帧	J
到后一可见关键帧	K
缓动	F9
缓入	Shift + F9
缓出	Ctrl + Shift + F9
转到时间	Alt + Shift + J
向前一帧	Page Up 或 Ctrl + ←方向键
向后一帧	Page Down 或 Ctrl + →方向键
向前十帧	Shift + Page Up 或 Ctrl + Shift + ←方向键
向后十帧	Shift + Page Down 或 Ctrl + Shift + →方向键
新建蒙版	Ctrl + Shift + N
蒙版形状	Ctrl + Shift + M
蒙版羽化	Ctrl + Shift + F
设置蒙版反向	Ctrl + Shift + I

常用图层属性的快捷键

常用图层属性	Windows 快捷键
显示锚点	A
显示位置	P
显示缩放	S
显示旋转	R
显示蒙版羽化	F
显示蒙版路径	M
显示不透明度	T
显示蒙版属性	MM